배명진교수와 소리이야기 2

소리와 생활

Life with Sound

배명진교수와 소리이야기 2

소리와 생활

배명진 | 김명숙 지음

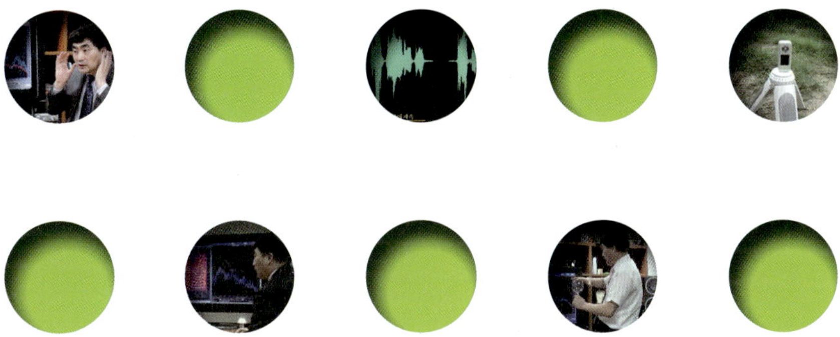

Life with Sound

도서출판 그린

PREFACE

다양한 소리의 세계

생활 속의 소리

소리공학이 추구하는 세계

얼마 전 아카데미상 수상식에서는 우주공간에서의 일화를 다룬 〈그래비티〉가 여러 부문에서 수상작으로 선정되었다. 그 중에서도 음향효과상 부문에서의 수상은 특히 여러 사람들의 관심과 주목을 받았다. 왜냐하면 무중력 상태에서는 어떤 소리도 들리지 않는다는 것을 표현하기 위해, 소리를 사용하여 소리가 없음을 그렸기 때문이다. 즉, 관객들이 소리의 부재라는 상황, 소리가 없는 우주공간에 대한 느낌을 실감 있게 만끽할 수 있도록 온갖 소리를 효과적으로 섞어 최대한의 음향효과를 만들어내는 작업을 성공적으로 해낸 것이다.

누구나 다 알고 있는 사실이지만 우리가 살고 있는 이 세상은 전혀 그렇지 않다. 오히려 온갖 소리로 가득 차 있다. 〈그래비티〉의 우주인들처럼 우주선을 타고 대기권 밖으로 나가, 그것도 우주선 밖으로 나

가 무중력 공간에 머물러있지 않는 이상, 우리는 수많은 소리와 함께 살고 있으며 나를 둘러싸고 있는 소리에서 벗어날 수 없다. 이처럼 다양한 소리의 세계를 다룬 필자의 책『배명진교수와 소리이야기』와『배명진교수의 소리로 읽는 세상』두 권이 지난 해 차례대로 출간되면서 세간의 주목을 받게 된 것도 우리의 생활에서 떼려야 뗄 수 없는 소리에 대한 이야기를 아마도 처음으로 했기 때문이라고 생각한다.

이 책은 본격적으로 소리는 우리에게 무궁무진한 이야기를 들려준다는 사실을 입증하는 또 한 권의 책이라고 볼 수 있다. 이미 출간된 두 권의 책들에서는 미처 담지 못한, 그러나 우리 생활과 밀접한 소리 이야기들이기에 더 흥미로운 이야기들만 모았는데도 한 권의 분량을 훌쩍 넘기는 것이 아닌가. 이런 상황이라면 아마도 올해가 가기 전에 또 다른 책이 나올 수 있을지도 모른다는 섣부른 기대도 한편 해봄직하다. 그만큼 우리는 다양한 소리와 살고 있고 소리는 저마다 흥미로운 이야기를 우리에게 해주고 있기 때문이다.

이 책은 우리가 듣는 수많은 소리들 중에서도 생활 속의 소리에 관한 이야기만을 모은 것이다. 대부분의 사람들이 견디기 힘들어하는 층간소음은 어떻게 극복할 수 있는지, 소리를 크게 지르면 스트레스가 풀린다든지, 노래를 잘 부르려면 어떤 방법을 쓰면 되는지, 저마다 매력적인 목소리를 자랑하는 가수나 해설자, 혹은 정치인들의 목소리에는 어떤 비밀이 숨겨져 있는지, 주변의 소리를 이용하면 우는 아기를 달랠 수 있고 무더위도 물리칠 수 있다든지, 애완동물이 아닌 삶의 반려동물로 그 가치를 한층 높인 강아지와 고양이들은 어떤 목소리를 내고 있는지, 다른 소음을 없애기 위해 일부러 틀어주는 비행기 안의 소음은 승객들에게 어떤 효과를 주는지, 보이스피싱을 당하면 실제 내 가족의 목소리가 아닌데도 왜 그렇게 속게 되는지, 심지어 보이지 않을 만큼 작은 크기의 미시의 세상에도 소리는 있다는 것과 어떤 마을에는 주변 사람들을 괴롭히기 위해 고의로 소음을 만들어내고 있는 여인도 있다는 등의 수많은 흥미진진한 이야기들이 이 책 안에 담겨져 있다.

바라건대 이 책을 읽는 여러분들은 무엇보다도 보이지 않는 상황에서 들리는 소리에 대해서는 성급하게 판단하지 말고 한번쯤 주변상황을 다시 돌아보는 여유를 갖게 되기를 희망한다. 보이지 않고 귀로만 들리는 소리는 당시의 내 감정을 그대로 옮겨 온갖 오해와 불안감, 심지어는 공포감조차 가져다 줄 수 있지만 실제 그 소리는 우연히 혹은 전혀 다른 의도에서 나온 소리일 수도 있기 때문이다. 한번쯤 여유를 갖고 소리를 듣는다면 주변 사람들과의 갈등이나 불안감도 쉽게 해결할 수 있을 것이다.

우리의 삶, 우리의 생활과 소리는 떨래야 뗄 수 없는 관계임을 말해주는 이 책이 여러분 주변의 소리에 한층 더 관심을 갖게 되는 기회가 되기를 희망한다. 눈으로 보이지 않고 손으로 잡히지 않는 소리지만 눈으로 보이고 손으로 보이게 만드는 기술, 주변의 모든 소리를 분석하고 규명해서 실생활에 도움이 될 수 있도록 만드는 기술, 그것이 바로 소리공학이 추구하는 세계이기에 소리공학자인 필자는 오늘도 주변에서 들리는 수많은 소리에 귀를 기울여본다.

2016년 1월

배명진 숭실대 교수, 소리공학연구소 소장

CONTENTS

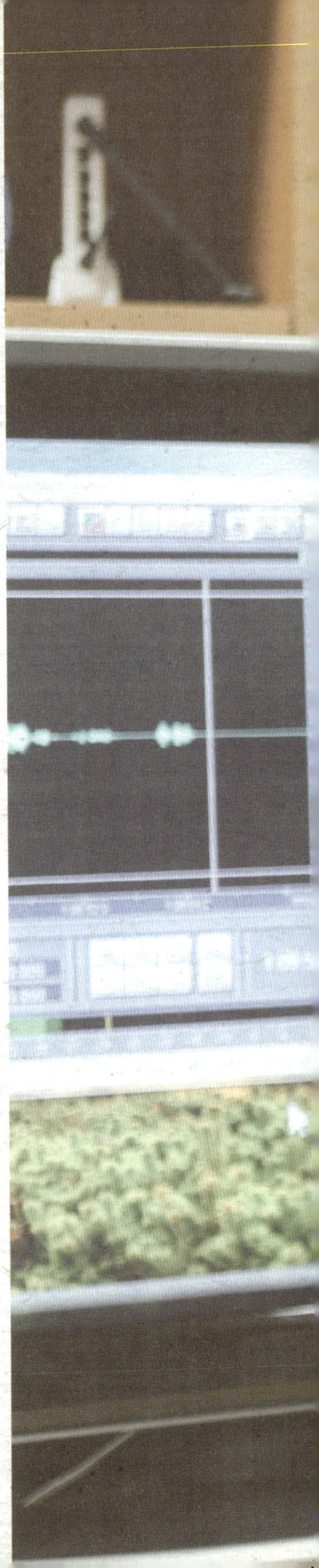

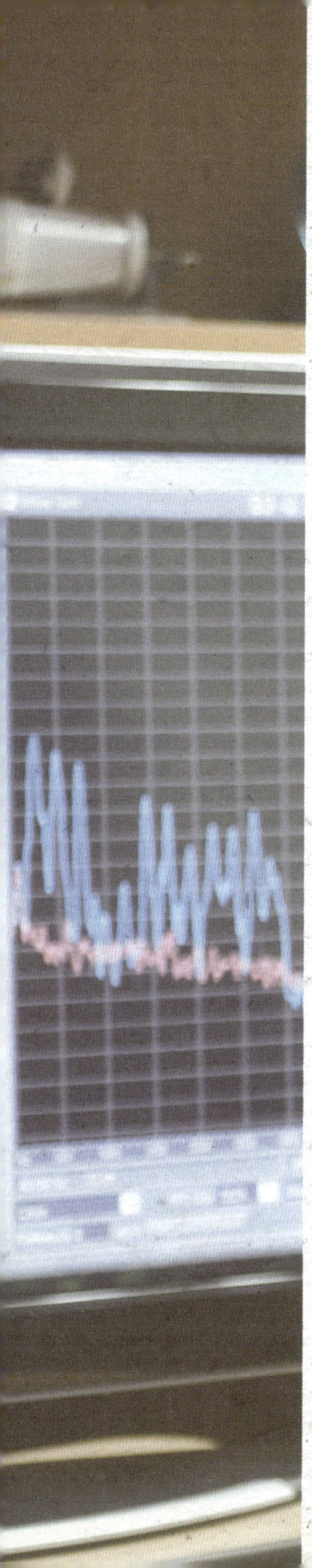

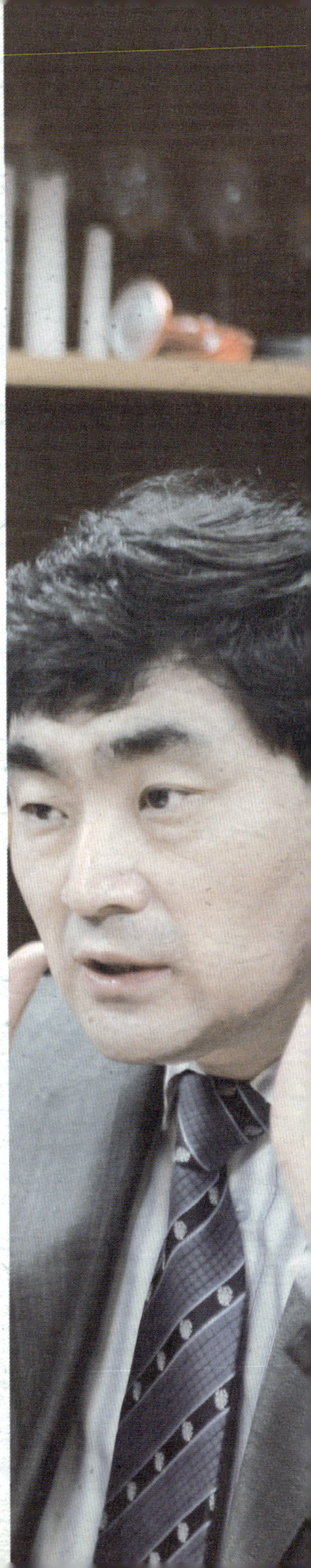

“

배명진교수와 소리이야기 2

소리와 생활

”

Life with Sound

소리이야기 01

소리가 분위기를 타네요

일상생활을 하다보면 분위기에 잘 맞는 소리가 있다는 걸 알게 된다. 슬픔에 젖어 하염없이 눈물을 흘리고 있는데 갑자기 웃음소리가 들린다거나 흥겨운 노래 소리가 흘러나온다면 분명 분위기를 망가뜨리는 소리로 눈총을 받을 수밖에 없다. 교회에서 예배를 보고 있는데 목탁 두드리는 소리가 들린다면 이 또한 종교적으로 맞지 않은 소리가 될 것이다. 노래가 끝나기도 전에 박수를 치는 사람이 있다면 그 사람이 경솔해 보이는 것도 다 소리마다 걸 맞는 분위기가 있기 때문이다. 그렇기에 간혹 똑같은 소리인데도 그 소리를 듣는 시간이나 장소에 따라 느낌이 달라지기도 한다.

얼마 전 EBS 방송 〈다큐프라임〉 팀으로부터 쇼핑호스트의 목소리가 시간대 별로 어떻게 달라지는지 분석해달라는 요청이 있었다. 요청을 받고 주의 깊게 살펴보니 같은 사람이 같은 제품을 판매하고 있는데도 방송시간에 따라 쇼핑호스트의 목소리는 분명히 다르게 느껴졌다. 아침시간대에는 고음의 목소리가 나오고 말 빠르기는 저녁

시간에 비해 1.5배로 빨랐다. 저녁시간대에는 차분하게 그리고 천천히 말을 하고 있었고 설명도 더 자세히 진행되고 있었다. 그러나 밤 시간대가 되자 소리크기도 톤의 변화도 별로 없는 약간 졸린 듯싶은 말투가 이어지고 있었다. 즉, 시간에 따라 판매자의 목소리 톤과 속도가 바뀌고 있었는데, 이는 사람이라면 각자 처한 분위기나 상황에 따라 느끼는 감정이 달라지게 마련이고, 그 결과가 목소리에 나타난다는 것을 입증하는 것이다.

실제 백화점 여성의류코너에서 있었던 이야기이다. 하루는 점잖고 차분한 분위기를 연출하기 위해 매장에서 클래식음악을 잔잔하게 틀어주었더니 모두들 신중하게 옷을 만져보고 걸쳐보기는 했지만 사지는 않고 한참을 생각하다가 그냥 가버리더라는 것이다. 그날 매출은 반으로 떨어졌었다고 한다. 다음 날은 매장의 분위기를 달리 해서 조명도 밝게 하고, 배경음악도 행진곡이나 댄스음악 위주로 틀었더니 매출이 평소에 비해 1.5배로 증가하였고, 대부분의 고객들은 발 빠르게 움직이면서 제품에 대한 선택과 구매 결정을 리듬에 맞춰서 신속하게 하더라는 것이다.

① 의류매장에서는 빠른 템포의 행진곡이나 댄스음악을 틀었을 때 매출이 증가한다.

② 구령소리를 내거나 노래를 부르면서 구보하면 분위기가 상승된다.

①

②

필자는 언젠가 인생 12진법이라는 별자리 점에 대한 책을 읽은 적이 있었는데, 그 논리에 따르자면 필자의 생일이 양력 6월 말일이라 이에 해당하는 특정한 '달력 운'을 타고 태어났다고 한다. 그래서인지 좀 젊었을 때는 아침잠에 취해서 정신을 못 차리다가 해가 지고 저녁이 되면 /딸그락~/ 거리면서 밤샘하기를 즐겨하였다. 남들은 다 잠들었건만 나만의 분위기에 걸 맞는 소음을 내면서 저녁형 인간 노릇을 한동안 한 적이 있었다. 그때 느낀 점은 낮에는 산만하여 일이건 공부건 아무 것도 잘 안되었지만 밤이 되면 주변이 어둡고 조용해서인지 내 일에 집중할 수 있었다는 것이다. 지금 와 생각하면 아무래도 주변이 조용한 밤의 분위기가 나를 그렇게 만든 것임에 분명하였다.

그 무렵 동생과 한방에서 생활했었는데, 밤중에 공부를 하려고 하면 곁에서 콧물을 흘려가며 너무도 편하게 잠들어있는 동생이 애처로우면서도 /새큰새큰/하며 나지막하게 숨 쉬는 콧소리가 귀에 거슬려서 공부하는 데 집중이 잘되지 않았다. 그리고 내가 왜 혼자서 이 어렵고 힘든 공부를 해야 하나 싶어 공부에 집중하기 보다는 주변의 적막감과 외로움에 더 젖어 마음을 달래기가 참 어려웠었다. 그래서 나중에는 밤공부를 할 때는 독서실을 가거나 커피숍을 애용하곤 하였는데 그때마다 아주 좋은 효과를 보았고, 따라서 공부할 때도 어

커피숍에서는 공부가 잘되는 백색음의
소리 분위기가 형성된다.

는 정도의 주변 잡음이나 분위기가 반드시 필요하다는 사실을 알게 되었다.

우리 연구팀에서는 청소년층을 대상으로 공부 잘되는 소리와 분위기를 개발하려고 연구한 적이 있었다. 당시 여러 가지 장르의 소리를 학생들에게 들려주다가 드디어 찾아낸 것이 바로 자연에서 들리는 백색음을 이용하는 것이었다. 백색음을 학생들에게 들려주니 평상시 일상생활에서 듣는 소리라 그런지 별로 의식하지 않았고, 하고 있던 일이나 주어진 업무, 그리고 공부에 오히려 더 열중하는 모습을 보였다. 소리는 들리되 익숙한 소리라서 불안해하지 않고, 그 소리의 의미를 별로 의식하지 않으며, 되레 주변에서 소리가 들리기 때문에 혼자서 공부하고 있다는 적막감이나 외로움을 달래주는 긍정적인

효과가 있다는 백색음의 활용원리를 직접 입증한 것이다. 실제로 백색음과 함께 암기력 테스트를 해보았는데 소리가 없을 때에 비해 백색음을 듣고 있을 때의 암기력은 평균 +35%의 향상효과가 나타났었다.

이때 주의할 점은 일정한 크기로 자연의 소리만 들려주었을 때는 학습효과가 지속되지 않았다는 점이다. 공부할 때 10분 이상 신체의 움직임이나 활동성이 나타나지 않는 경우에는 사전에 설치된 자동 센서에 의해 바람소리의 주기를 비교적 빠르게 작동시킴으로써 소리의 변화를 느낄 수 있도록 했다. 또한 연령별로도 주기를 다르게 했는데 이는 사람이 노화할수록 맥박주기가 느려지는데 기인한다. 일반적으로 사람의 맥박주기는 신생아일 때는 분당 130~150번이지만 이삼십 대는 70~80번으로 떨어지고 60대 이후는 50~60번 정도로 더 낮아지게 된다. 공부할 때 틀어주는 백색음의 순환주기 또한 연령별로 적절하게 선택하도록 설계했기 때문에 그 실제효과가 더욱 컸던 것이다.

여기에 덧붙여 사람의 심장박동수는 시간대마다 다르게 나타나므로 주간, 야간, 심야 시간대로 나누어 자연의 소리 또한 그 템포를 서로 다르게, 즉, 좀 더 빠르거나 혹은 좀 더 느리게 하여 소리의 주변 분위기를 증대시켜 주었다. 이때 백색음의 음폭을 저음, 중음, 고

① 조용한 집이나 절에서 공부하려면 적막감과도 싸워야 한다.
② 자연의 소리는 주변의 분위기를 감싸서 외롭지 않고 안정감 있게 만들어 준다.

①

②

음대의 크기비율로 각각 다르게 적용하였는데, 이는 사람들은 나이가 들면 청각기관이나 발성기관이 점차 저음으로 변화되면서 선호하는 음폭도 달라질 수가 있다는 것을 고려했다. 이처럼 백색음이라도 처해진 상황이나 분위기, 그리고 연령대에 따라 다르게 들려주었더니, 남녀노소 및 활동시간 대와는 거의 무관하게 일정한 수준의 학습효과를 유지할 수 있었다.

필자는 강의할 때 마이크를 사용하기도 하는데, 이럴 때도 백색음을 배경음으로 들려주게 되면 수강생들의 학습태도가 크게 달라짐을 느낄 수 있었다. 우선 강의를 할 때 수강생들이 강의내용은 듣지 않고 옆 사람과 애기를 하거나 공부 외의 딴 짓을 하는 횟수가 눈에 띌 만큼 줄어들며, 학생들의 손동작이나 상반신의 움직임도 거의 나타나지 않곤 했다. 그만큼 공부의 집중도가 높아진다고 판단되지만 문제가 있었다. 백색 배경음의 소리레벨을 필자의 목소리로 만회하려고 하니, 즉, 백색 배경음보다 더 크게 말을 하려니 목소리를 크게 내야해서 힘이 많이 들어갔고, 목이 빨리 피로해졌기 때문이다. 그래서 한동안 학습효과를 높일 것인지 아니면 내 목소리를 보호할 것인지 고민을 한 적도 있었다.

요약하면 우리는 오감을 가지고 생활하는데, 그 중에서 내게 들리는 소리의 의미를 보다 더 잘 파악하고 이해하려면 주변에서 방해를 주는 다른 소리들을 분위기로 제압해야만 그 의미가 좀 더 효율적으로 내게 와 닿게 된다. 구보를 할 때는 힘찬 구령으로 기분을 돋우고, 힘든 운동을 할 때는 경쾌한 소리로 좀 더 기운을 북돋아 체력을 기를 수 있는 분위기가 필요하다. 또한 무엇인가에 집중을 하고 싶으면 내게 전혀 의미가 없는 소리들만 있는 곳을 찾는 것도 도움이 된다. 이렇게 소리분위기는 언제나 우리 가까이에 존재하고 있지만 한편 쉽게 지나치거나 잊어버리게 되는 것도 사실이다. 지금부터라도 내게 필요한 소리분위기를 잘 찾아내어 우리 삶의 질과 효율을 증대시켜보기로 하자.

엄마 목소리에 감동하는 아기들

인터넷 동영상사이트에 소리에 관한 흥미로운 내용이 올라와있는데 그 원인을 규명해달라는 요청이 들어왔다. 동영상을 재생해보니 태어난 지 몇 개월이 채 안 되어 보이는 외국인 아기가 귀여운 모습으로 엄마를 쳐다보며 엄마 목소리에 맑은 눈망울로 응답하고 있었다. /까꿍~ 까꿍~/하는 엄마의 목소리에 아주 좋아라하는 표정으로 밝고 맑게 웃던 아기는 이윽고 엄마가 슬픈 노래를 부르니 금방 표정을 바꾸면서 닭똥 같은 눈물을 흘리는 것이 아닌가. 아기는 비록 말은 못하지만 슬픈 노래를 부르는 엄마를 쳐다보면서 마치 위로라도 하듯 애처로운 표정을 짓고 있었다.

동영상을 추천한 방송작가의 질문이 이어졌다. 노래가사나 말뜻

① 외국 동영상 속의 아기 울음소리 분석 장면
② /까꿍~까꿍~/ 소리에 웃는 아기의 목소리 분석 장면

①

②

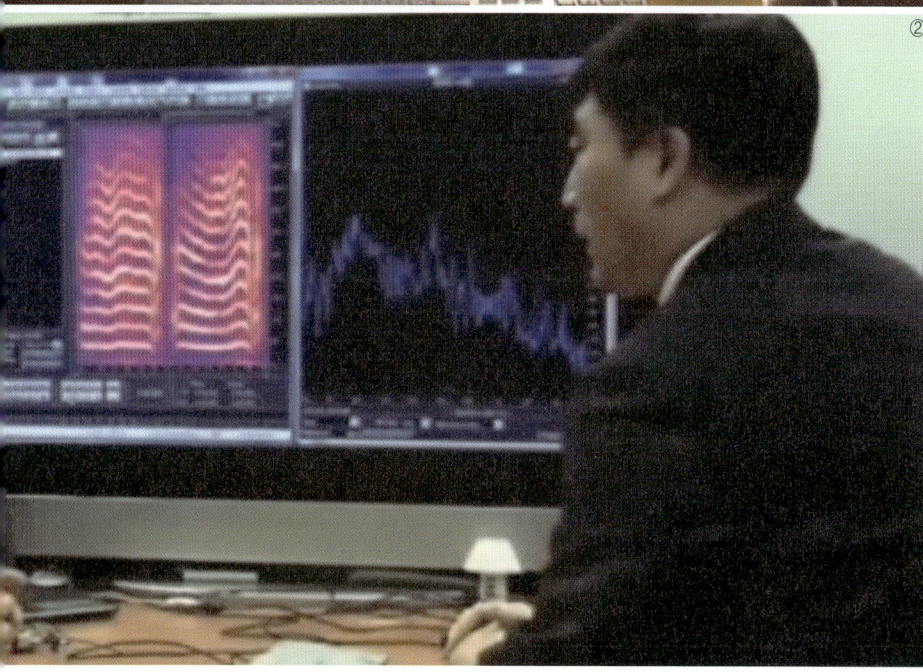

도 전혀 모르는 아기가 엄마의 목소리만 듣고 어떻게 교감을 이룰 수가 있느냐는 것이었다. 그 이유는 바로 우리가 소리를 기억하는 방법에 있다고 대답해주었다. 즉, 구체적인 패턴을 인식하여 기억하는 시각과 달리 청각은 어떤 소리가 들릴 때의 분위기와 음정을 기억시켜 두었다가 엇비슷한 음정이나 소리가 외부에서 들려오면 이전에 소리를 들었을 때의 추억을 떠올리며 연상기억을 하는 것이라고 보충설명을 해주었다. 그러나 작가는 막연한 추측처럼 들리는 음향심리학적인 설명보다는 구체적인 숫치나 논리적인 분석, 즉, 소리공학적으로 그 이유를 파악하고 규명해서 과학적으로 밝혀달라고 재요청을 해 왔다.

이를 위해 방송팀이 앞에서 언급한 외국의 사례뿐만 아니라 국내에서도 어린 아기와 엄마를 대상으로 비슷한 동영상을 촬영해 왔기에 우리는 소리분석을 더 수월하게 할 수 있었다. 국내에서 촬영된 동영상 속의 아기는 생후 8개월과 20개월, 두 명이었는데 사전에 해당노래를 들어본 적도 없고 비슷한 상황을 경험해보지도 않은 상태였다고 한다. 말도 잘하지 못하는 아이들을 대상으로 구슬픈 노래를 불러주었을 때의 반응을 카메라로 촬영한 것이었다. 동영상을 확인해보니 〈섬집 아기〉라는 노래를 할머니와 엄마가 고음으로 불러주니 두 아기 모두 울거나 싫다는 표정으로 소리를 지르고 있었다. 이러한

'섬집 아기'의 노래를 부르는 엄마 목소리와 아기울음소리의 소리성분 비교

반응은 20대와 30대의 남자PD들이 같은 노래를 불렀을 때도 비슷하게 나타났다.

먼저 〈섬집 아기〉 노래를 부른 사람들의 성대기본 톤을 측정해 보니 할머니, 엄마, 외국 동영상속의 엄마 세 사람 모두 450~550 헤르츠를 나타내었고, 노래의 음절템포가 1초 이상 천천히 지속되고 있었다. 이 톤은 여성이 울 때 내는 소리 톤의 평균 음정에 해당한다. 한편 두 남자 PD가 노래 불렀을 때도 노래지속시간은 1초 이상이었으나 목소리 톤은 100~200 헤르츠로 여자들보다 낮은 음으로 전개되고 있었다. 그러나 남자들의 경우 세 번째 배음에서 목소리 공명울림이 일어나면서 그 성분이 현저하게 나타났고, 반면 여성들은 기본음과 두 번째 배음에서 공명울림이 나오면서 남자와 여자 모

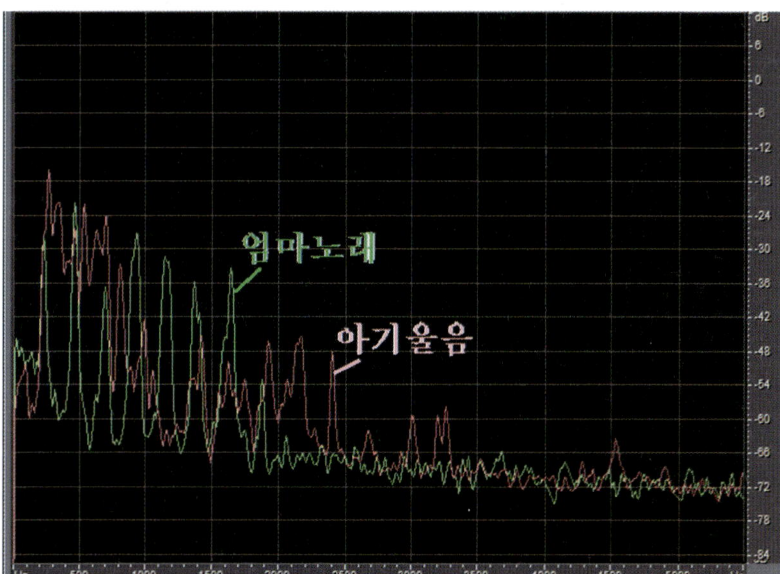

두 약 450~550 헤르츠 범위에서 공명울림이 주로 현저하게 나타났다. 이어서 아기가 울 때의 성대 떨림 주파수를 관찰해보니 목소리의 기본 성대 톤이 노래의 같은 음폭에서 겹치게 나오고 있었다.

물론 소리의 음정 톤이 유사하게 들린다고 하여 이 톤을 들을 때마다 아기는 자신이 울었을 때를 연상하게 된다고 반드시 말할 수는 없겠지만, 여기에 1초 이상 늘어지듯 소리 톤이 지속적으로 반복되면 아기는 자신이 울었을 때의 기억을 좀 더 쉽게 떠올릴 수도 있을 것으로 보인다. 보통 아기는 배가 고프거나, 졸리거나, 아프거나 또는 싫을 때 울게 되는데, 대부분의 경우 1초 이상 끊이지 않고 지속되는 소리패턴을 보인다. 결국 엄마의 약간 높은 음정으로 이어지는 구슬픈 노래에 아기는 표정과 울음소리로 응답한 것이라고 말할 수 있다. 즉, 아기가 〈섬집 아기〉의 가사내용을 알아들어서 슬퍼한 것이 아니라 다만 엄마나 다른 사람이 노래를 부를 때 나오는 음정 톤과 템포의 지속에서 자신이 울었을 때 느꼈었던 좋지 않은 추억을 연상했었기 때문인 것이다.

이번에는 엄마의 /까꿍~/ 소리에 웃음으로 화답하는 아기의 목소리를 분석해보았다. 엄마의 목소리는 일반적으로 들을 수 있는 여성 목소리 톤이었는데, 음절 마디마디에 톤의 변화가 심하게 나타났다. 아기는 바로 이러한 소리의 변화를 느낀 것으로 보인다. 실제로

① '아기염소' 노래 속에 나오는 웃음소리를 듣고 따라 웃는 아기 모습
② 슬픈 노래들은 대부분 음정이 높고 템포의 지속시간이 긴 편이다.

연구결과에 따르면 사람이나 동물 모두 평이하게 이어지는 소리에 비해 톤의 변화가 나타나는 소리를 2배 이상 민감하게 느낀다고 한다. 엄마가 /까꿍~/하면서 내는 소리에는 올렸다, 내렸다, 혹은 쉬었다 하면서 소리변화를 0.5초 이내에서 반복하고 있었고, 이에 반응하듯 아기의 /까르륵~/하는 웃음소리에서도 톤의 변화가 비슷하게 얻어졌다.

〈섬집 아기〉 노래를 들으면서 울던 아기는 엄마가 〈아기염소〉를 불러주자 언제 그랬었냐는 듯 다시 환하게 웃고 있었다. 그 이유는 노래의 템포리듬이 0.2초 이내에서 반복되었고, 멜로디 또한 음의 고저 변화가 빠르게 변화하고 있어서 아기는 자신이 즐거웠을 때를 떠올리며 즐겁게 웃는 것이다. 물론 이 경우에도 노래의 뜻을 알아듣고 반응을 보인 건 아닌 것으로 보인다. '엄마 찾아 음메 아빠 찾아 음메~'라는, 어찌 보면 슬프기조차 한 가사내용만으로는 그처럼 즐거운 웃음이 나오기는 힘들기 때문이다.

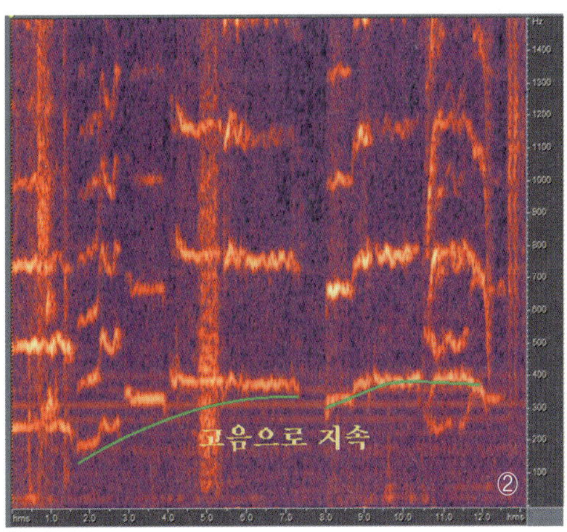

물론 아기들은 소리에 대한 사전각인 연상효과를 구체적으로 느낄 시간적인 여유나 경험이 없이 본능적으로 반응을 한 것이겠지만, 성인들의 경우는 이와 비슷한 사전각인 효과의 경험을 많이 하게 된다. 개그맨이나 제 3자가 깔깔대며 웃고 있을 때, 그 웃음소리를 들으면 누구나 즐거웠던 추억을 떠올리면서 따라 웃을 수밖에 없다. 웃을 때는 200개 이상의 근육이 움직여서 건강에 좋다고 하는데, 그래서 웃음치료의 효과를 전파하면서 건강을 유지하는 웃음전도사가 대중들에게 인기를 모으고 있는 이유이기도 하다.

요약하면 아직 말을 못 알아듣는 어린 아기가 엄마의 노래를 듣고 웃거나 울거나 하면서 다양하게 화답하는 이유는 다름 아닌 소리의 사전각인에 의한 연상기억 작용에 근거한다는 것이다. 아기를 웃길 때는 병아리가 /삐약삐약/거리고 오리가 /꽥꽥/거리는 등의 빠른 템포와 톤의 변화를 다양하게 해 주는 소리를 내주는 것이 필요하고, 아기가 슬픈 표정을 짓게 하려면 느린 템포에 고음의 음정을 많이 포함하는 노래를 불러주면 된다. 지식습득이 아직 이루어지지 않은 아기들의 재롱을 본다는 것은 우리에게 아주 즐거운 추억거리를 만드는 기회이고, 동시에 아기는 소리와 함께 주변 사람들의 표정에서 교감을 느끼는 행동발달의 기회가 될 수 있으므로 가능하면 소리로 아기와 교감을 느끼는 기회를 많이 가지도록 해보자.

안내방송이 잘 들리게 해주세요

지하철 2호선을 이용해서 회사에 출퇴근을 하는 승객들은 강남역 근방을 지날 때마다 안내방송 때문에 큰 불만이라고 한다. 탑승 안내방송 소리는 작아서 잘 알아들을 수 없고, 반면 광고방송은 귀가 울릴 정도로 소리가 너무 커서 짜증이 난다는 것이다. MBC 라디오 리포터와 함께 우리 연구팀이 소음측정기를 가지고 지하철 2호선 강남역 부근의 차량 내에서 나오는 안내방송의 소리크기를 모니터링 해보았더니 90dB을 훌쩍 넘어서는 큰소리가 들렸다. 이 정도의 소리는 스피커 앞에 서 있는 사람들에게는 잠시나마 청각장애를 유발할 수 있을 정도로 시끄러운 소리이다.

처음 소리를 측정한 시간은 오전 8시경 출근시간 무렵이었는데 강남역 부근의 차량 내에서도 지하철도착 안내방송은 평균 85dB의 크기로 나오고 있었다. 우리는 기다렸다가 퇴근시간에도 소리측정을 해 보았는데 광고방송이나 안내방송의 소리크기는 출근시간대와 별 차이가 없었다. 또한 출퇴근 시간대가 아닌 시간 소리크기도 별 차이가 없었다. 사실 출퇴근시간대에 안내방송의 소리크기가 특히 작게 느껴졌던 이유는 승객들이 많아 주변이 소란하기 때문이었다. 실제로 안내방송이 없을 때에 승객들의 웅성거림을 측정해보니 평균 78dB로 상당히 높은 소음수치를 나타내고 있었다.

지금은 스크린도어가 설치되어서 그런 일이 많이 해소되었지만, 한때 영등포구청역 한 승강장에는 지하철안내 방송이 이상하게 들린다는 제보가 빗발쳤었다. 지하철이 승강장에 진입하기 5초전이 되면 "다음 열차는 상일동행 열차입니다."라는 안내방송이 나오게 되는데 유독 특정한 탑승구역(승강장 초입)에 있는 스피커에서 흘러나오는 안내방송의 내용은 "다음 열차는 화곡동행 열차입니다."로 들린다는 것이다. 이 역에서 출발하는 상일동행 열차는 있었지만 화곡동행 열차는 존재하지 않았다.

제보를 받고 현장으로 직접 달려가 녹음하면서 연구팀이 승강장 안내방송을 들어보니 정말 제보된 내용으로 들렸는데, 그 원인을 분석해보니 승강장 초입에 설치된 스피커나 앰프의 문제는 아니었다. 원인은 열차가 역 구내로 진입하면서 세찬 바람을 몰고 오게 되는데, 진입통로가 갑자기 넓어지면서 바람회오리가 일어나고 그 영향으로 인해 /ㅅ/발음이 /ㅎ/발음으로 혼돈되게 들렸을 뿐만 아니라, 안내방송의 발성 말투에서 /일/ 음절에 억양이 들어가면서 /상일/이 /화

① 출퇴근 시간이 아닌 시간의 지하철 객실에는 승객들이 많지 않아 조용한 편이다.
② 출퇴근 시 지하철 객실에서의 소음 발생이 큰 편이다.
③ 옛 영등포구청역 승강장에는 차량 진입바람 때문에 다른 안내 발성으로 들리기도 하였다.

곡/으로 들린 것이었다. 재미있는 현상은 한국어 안내에 이어 이어진 영어 안내는 바람소리가 함께 들리긴 했지만 /상일동/이라는 지역이름을 분명히 알아들을 수 있었다. 영어발음으로는 초두에 있는 /상/에 강세를 넣어 발성했기 때문에 바람소리가 혼란을 가져와도 /상일/이란 발음이 뚜렷하게 들린 것이다.

이처럼 대부분의 지하철 또는 전철을 이용하는 승객들이 접수하는 민원 중에는 열차 내에 설치된 안내방송소리가 너무 커서 귀가 아플 정도로 짜증이 난다거나, 또는 소리가 너무 작아서 무슨 안내방

송인지를 잘 모르겠다는 내용이 많다고 한다. 열차 내 방송용 앰프의 기계 조작은 기관사가 하고 있는데, 승객들이 많이 탑승한 경우에는 볼륨레벨을 최대의 70~80%로 높여주고, 승객이 많지 않은 경우에는 그 레벨을 50~60%로 낮춰준다고 한다. 그런데 기관사가 여러 가지 일을 하다보면 안내방송 앰프의 볼륨조작을 잊어버리는 일이 자주 발생하고, 특히 특정 열차 칸에 승객들이 몰리는 경우에는 그 칸에서만 볼륨이 크게 나오도록 수동으로 조절할 수는 없어 별다른 조처를 취할 수 없다는 것이 문제이다.

대중교통을 이용할 때 나오는 방송의 소리크기에 대한 민원은 지하철 안내방송에 국한되는 것은 아니다. 버스의 경우에도 운전석 가까이 있는 스피커나 버스 후방에 달려있는 스피커나 소리는 모두 같은 크기로 나오게 된다. 승객들이 몰려있는 경우에는 소음 레벨이 평소보다 높아지게 되고, 동시에 바퀴나 차창으로부터 들려오는 소음이 버스 안에 승차하고 있는 앞뒤 위치에 따라 다르며, 그리고 버스가 운행 중일 때는 차창으로부터 훨씬 높은 레벨의 소음이 들려오지만 이러한 여러 가지 환경요인에는 무관하게 차내 안내방송 스피커의 소리레벨은 같은 크기로 고정되어있기에 발생하는 문제이다. 그 결과, 차가 달릴 때의 안내방송은 무슨 내용인지 잘 알아들을 수 없고, 반면 버스가 정지된 상태에서 듣는 안내방송은 아주 시끄럽게 느

① 버스차량 내부에는 여러 개의 스피커가 달려있다.

② 스피커마다 맞춤형 레벨을 적용하여 안내방송을 하게 되면 승객 맞춤형 개별 서비스개선이 가능해진다.

껴진다.

소리공학연구소에서는 이러한 소리크기에 대한 대중교통 이용시민들의 민원해소를 위해 새로운 제안을 하였고 실제로 시제품도 만들어 보았다. 소음민원 해소의 실마리는 승객 가까이 있는 스피커의 레벨이 주변 환경소음과는 무관하게 동일한 크기로 고정되어있으므로 이를 주변소음에 맞게 조절하는 것에 있다. 따라서 차량 내에 설치된 스피커에 보조 장치를 설치하여 각 위치마다 먼저 소음레벨을 측정한 후 그 레벨보다 +15dB되는 크기의 소리로 스피커의 출력을 조정해서 안내방송을 들려주는 방식을 사용하면 된다. 그 보조 장치는 바로 각각의 스피커에 장착할 수 있도록 만들어진 환경적응 출력 레벨 증폭기이다. 이 증폭기는 버스나 기차, 지하철 등 운송수단의 종류에 상관없이 실제로 소음이 있는 주변 환경에 따라 특정한 위치

에 설치되어있는 스피커의 소리 크기를 조절해서 맞춤형 안내방송을 제공해줄 수 있으므로 대중교통 이용객들을 위한 승객서비스개선 차원에서 반드시 필요하다고 생각한다.

일례로 지하철의 각 차량에 설치된 스피커마다 환경적응 증폭기를 설치해 주면 출퇴근 시에 승객들이 많아서 안내방송 소리가 승객들 사이에 흡수되어도 방송되는 소리의 출력을 계속 모니터링 하면서 일정한 크기의 소리가 들리도록 자동제어해줄 수 있기 때문에 소리가 작게 들린다는 불평은 더 이상 나오지 않을 수 있다. 또한 차량이 정지해 있거나 승객들이 실내에 별로 없어서 조용한 상태가 되면 스피커주변에서 측정되는 소음레벨이 낮을 것이므로 실내소음 평균레벨보다 +15dB만 높게 안내 방송할 수 있도록 조절하면 시끄럽지 않고도 잘 들리는 안내방송이 되어 안내방송이 너무 시끄럽다는 민원도 해소될 수 있다. 특히 각각의 객실 내에서 들리는 안내방송 소리레벨 또한 스피커의 위치별로 다르게 조절될 수 있으므로 IT강국답게 첨단기술을 사용하여 승객들에 대한 맞춤형 서비스를 한층 개선할 수 있을 것으로 기대한다.

사람들은 가급적이면 오감을 풍요롭게 느끼면서 살아가길 원하는데, 시민들의 손발이 되고 있는 대중교통을 이용해 보면 그렇지 못한 경우가 많다. 특히 소음피해로 고통을 느끼는 경우가 많은데, 우리소리공학연구소에서 제안한 환경적응 증폭기를 장착한 맞춤형 안내방송스피커를 사용하면 대중교통의 소음피해 민원이 점차 해소될 것이며 따라서 시민들은 더욱 쾌적하고 즐거운 대중 문화시설을 즐길 수 있으리라 기대해 본다.

소리로 찜통더위를 날려보자!

여름철이면 장마가 아주 길게 지속되거나, 마치 장마가 끝나기를 기다렸다는 듯이 습한 무더위가 끊임없이 길게 지속되기도 한다. 이상기후 현상이 전 세계적으로 불어 닥치고 있으며, 특히 환경오염 등에 의한 엘니뇨현상에 따라 우리나라도 평균기온이 올라가는 아열대성 기후로 점차 변화되고 있으며, 2050년경에는 아예 열대지방으로 바뀔 수 있다는 전망이 나오고 있다. 그래도 그냥 온도만 올라가서 덥기만 하다면 어떻게 견디어 보련만 습도까지 높기에 그야말로 우리나라 전역이 완전 찜통더위를 나타낸다.

엎친데 덮친 격으로 전력사정도 좋지 않아서 한창 일해야 하는 시간에 냉방기를 약하게 가동할 수밖에 없으니 사무실 온도계는 30도를 넘나든다. 폭염이 몰아치면 면역력이 약한 노인층은 견디지 못하고 죽음에 다다르는 경우가 범세계적으로 빈번하게 나타난다고 한다. 사람마다 더위를 이기는 정도는 모두 다르겠지만, 냉방기기를 사용하지 않고도 이 무더위를 이길 방법은 과연 없는 것인가?

20년 전에 한국경제신문에 근무하는 한 기자와 여름에 만나서 새로운 아이디어 상품에 대해 이야기한 적이 있었다. 기자는 바로 그 자리에서 목걸이형 소형 선풍기를 소개해주었다. 날개가 고무재질로 되어있어서 회전 중에 날개를 잡아도 다치지 않고, 배터리로 작동하기에 아주 가볍게 목에 걸고 다닐 수 있는 제품이었다. 그때 들은 말이 지금도 기억나는데, 인간의 신체 중에서 더위를 가장 많이 느끼는 부분이 어딘지를 물어보았고, 필자가 답변을 망설이는 동안에 그 기자가 답해 주었다. 그것은 목주변이고 그곳을 소형선풍기로 찬바람을 부쳐주면 다른 부위까지 더위를 잊게 해준다는 설명이었다.

그 말에 참 일리가 있다고 느꼈었는데, 더운 여름에 삼베저고리를 입고 나무그늘 아래서 장기를 두면서 모여 있었던 노인들이나, 사람들이 식당에서 삼계탕이나 설렁탕 등이 담긴 더운 뚝배기 한 그릇을 앞에 두고 먹으면서 물수건으로 연신 목덜미를 닦는 모습이 떠올랐었다. 또한 상의를 벗고 수돗가에서 물 한 바가지를 목과 등에 덮어쓸 때면 유달리 목 언저리에서 견딜 수 없는 시원함을 느끼며 탄성을 지른 것도 이 때문이었다는 생각이 들었다.

국제학술발표대회에서 논문을 많이 발표하였던 필자는 외국에 나가면 공식적인 학회참석 행사 외의 시간에는 주변의 아이디어상품을 판매하는 가게에 자주 들리곤 하였다. 10여 년 전 여름에 들렀던 캐

① 목 주위를 시원하게 하여 무더위를 쫓아버리는 디자인의 휴대형 선풍기
② 인체 구조상 목 주변의 세포는 더위에 아주 민감하다.

①
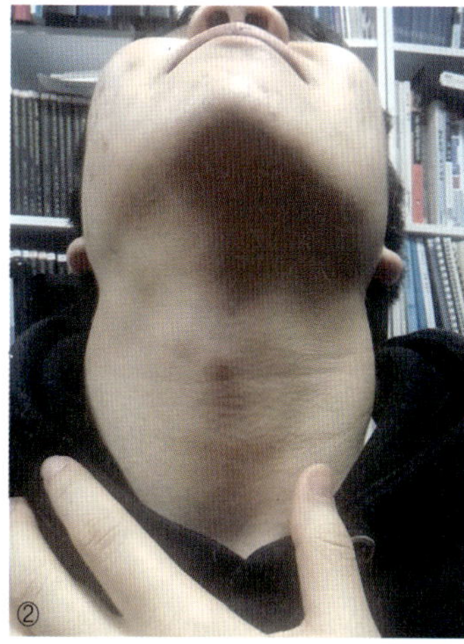
②

나다의 한 상품 점에는 쇠목도리처럼 생긴 쿨링시스템이 100불짜리 아이디어 상품으로 나와 있었다. 그 제품은 목에 닫는 부분이 쇠판으로 되어있었고, 전선이 연결된 케이스에는 A형 배터리가 두 개 들어 있었다. 그야말로 고체소자로 만들어진 목도리형 에어컨이었다.

이 제품을 보자마자 구입하여 국내에 가져온 후 더운 여름에 직접 사용해 보았는데, 실제로 목의 일부분은 판이 차가울 정도로 아주 시원하였다. 그러나 습도가 높은 우리나라 환경에서는 적합하지 못하였는데, 계속 착용하고 있으면 쇠목도리 사이로 땀이 차올라서 필자는 그 제품을 오래 애용하지는 못했다. 그러나 이 제품도 인체가 더위를 가장 민감하게 느끼는 목 부분을 시원하게 유지함으로써 무더위를 이겨내 보려고 한 아이디어 제품임에 분명하였다.

목도리형 에어컨은 첨단 반도체칩을 사용하여 개인적으로 무더위를 식혀줄 수 있는 휴대형 냉각장치임에는 분명하나 목에 부착하여 착용감이 거북하다는 단점이 있었다. 반면 휴대형 소형 선풍기는 목걸이형으로 목 언저리에 바람을 불어넣어 비접촉으로 피부를 시원하게 해준다는 장점이 있으나, Y셔츠처럼 목 주변에 옷깃이 덮어져 있는 경우에는 목으로 직접 바람을 원활하게 보낼 수 없다는 단점이 있었다. 그래서 우리 연구팀은 소리를 목에 들려주면서 무더위를 이길 수 있는 방법을 창안하였다.

목도리 대신에 양쪽 어깨위에 직경 2인치와 1인치의 가벼운 스피커들을 올려두고 목이 더위를 느낄 수 없는 소리를 복합 음으로 발생시켰다. 소리크기는 50dB 이내로 작게 유지하면서 음악소리에 맞춰서 목 주변의 피부를 소리로 자극하였다. 피부는 음악소리의 떨림을 촉감으로 느끼게 되는데 피부에 솜털이 있으면 훨씬 더 민감하게 소리를 느낀다. 음악소리에서 리듬이나 장단이 목 주변의 촉감의 울림을 모두 커버할 수 없기에 별도로 공명울림을 잡아서 5 M 헤르츠의 음폭에서 32밴드의 톤을 가변하면서 들려주었다.

귀 가까이에서 들리는 50dB의 소리는 큰 소리이기 때문에 가급적이면 귀 방향으로 소리가 전달되지 않고 목 테두리를 향하도록 지향성 있게 스피커를 배치하였다. 청각을 가급적이면 자극하지 않고 비접촉 음악소리로 목 주변의 피부를 효율적으로 자극하자 실내 온도가 35도를 넘어도 필자는 무더위를 느끼지 못하였다. 즉, 무더운

① 목도리형으로 제작된 쿨링팬은 고체로 된 냉방소자를 넣어 목을 시원하게 만들도록 제작된다.

② 선풍기 대신 소형스피커를 사용하면 무더위를 해결할 수도 있다.

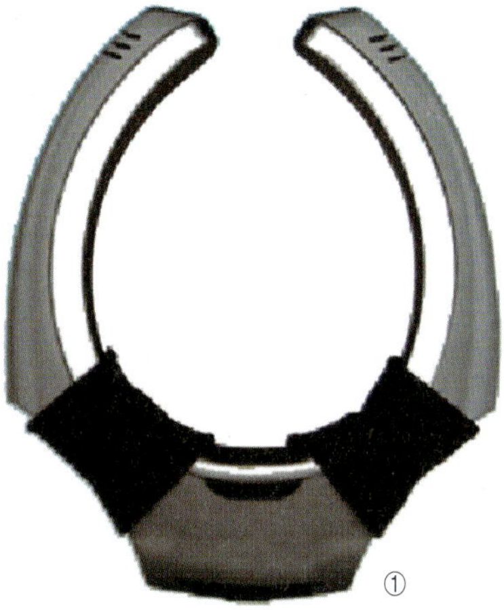

①

②

여름날 실내의 냉방기를 가동 하지 않은 상태에서도 의자에 앉아서 찜통더위도 못 느끼면서 음악소리를 들으면서 컴퓨터 작업을 기분 좋게 몇 시간 동안 계속할 수 있었다.

결론적으로 우리는 소리로 더위를 물리칠 수 있는 새로운 한 방법을 발명하였는데, 소리가 목주변의 피부를 비접촉으로 자극하면서 혈액순환을 좋게 하고, 결과적으로는 피부 면역력 또한 증대하여 찜통무더위를 이길 수 있는 좋은 방법이라고 생각한다.

소리이야기 05

우는 소리로 아기 달래기

대부분의 부모들은 아기가 울면 긴장한다. 말 못하는 신생아인 경우에, 특히 첫 아이일 경우에는 아기가 왜 우는 지를 잘 모르기에 부모는 더더욱 애가 탄다. 그래서 아기를 달래볼 수 있는 가능한 것들을 다 찾아본다. 기저귀가 젖어서 그런 건지, 배가 고픈 건지, 열이 있는 건 아닌지, 아기가 있는 곳이 너무 춥거나 또는 더워서는 아닌지, 아니면 졸려서 그런지 여기 저기 살펴보게 된다. 그러다 결국 아기가 보채는 원인을 찾아 해결해주면 아기는 금방 울음을 그치고 해맑은 미소를 띠게 되고 그 모습을 보고 있노라면 방금 전까지 했던 걱정과 염려는 일순간에 사라져 버린다.

필자도 두 딸을 키웠는데, 큰딸은 어렸을 때 유달리 자주 울곤 했다. 큰 딸아이의 첫 돌 잔치 때의 기억은 지금도 생생하다. 돌상을 차려놓고 아이를 데려와 손님들 앞에서 인사시키고 상 앞에 앉혔는데 그때부터 딸아이는 보채면서 계속 우는 것이었다. 첫 아이였고 젊었던 시절이라 정말 어찌할 바를 몰랐었는데, 가만히 지켜보니 딸아이는 우는 와중에도 돌상에 있는 물건들을 하나씩 하나씩 챙기고 있는 것이 아닌가. 지금 생각해보니 딸아이는 자기가 손을 대기 전에 혹시 다른 사람들이 건드릴까봐 경계를 하느라고 운 것이었다. 욕심이 많은 딸아이는 상 위에 있던 물건들은 하나씩 다 건드려 본 다음에야 울음을 그쳤던 기억이 난다.

사실 필자가 겪었던 딸아이의 울음은 시간이 지나면 저절로 해결될 수 있는 울음이었다. 그러나 아기가 왜 우는지 설명할 수 없거나 이유를 알 수 없는 경우, 부모들은 긴장할 수밖에 없다. 이럴 때 3~4개월 미만의 신생아들은 비닐봉지를 구기는 소리를 들려주거나 아기의 귓바퀴를 만져주면 대부분 울음을 그친다. 비닐봉지 소리나 귓바퀴를 만질 때 아기에게 들리는 소리는 아기가 엄마 뱃속에 있었던 시절, 즉, 태아시절에 경험했었던 백색사운드이므로 아기의 외로움이나 적막감을 해소시켜 주게 되고 안정을 취하게 되는 것이다.

그러나 백색사운드를 사용하여 아기를 달랠 때는 아주 조심해야 한다. 진공청소기에서 나오는 소리도 백색소음이 나오므로 진공청소기를 켜두면 신생아가 울음을 그칠 수도 있지만, 일반적으로 청소기 소리의 크기가 80dB 이상으로 장시간 지속될 가능성이 있기 때문에 소음성난청에 빨리 노출될 가능성이 있다. 또 다른 문제는 태어난 지 3~4개월이 지난 경우에도 이전처럼 /쓱쓱~/하는 백색사운드로 아기를 달래주게 되면, 소리를 의미별로 구분하는 청각인지능력이 오히려 저하될 수 있다는 연구결과보고가 있다. 백색소음은 생후 3~4개월 이전의 신생아들에게만 유용하게 사용될 수 있다는 얘기이다.

생후 3~4개월이 지나면 소리로 사물을 구분하는 청각인지기능이 발달하기 시작하는데, 이때는 백색사운드가 아니라 아기를 돌보는 사람이 직접 말을 하면서 등이나 몸을 가볍게 토닥거려 주면 청각과 촉감이 함께 교감이 이루어지면서 울음을 그친다.

앞에서 언급한 바 있는 비닐 구기는 소리는 청소기 등에서 나오는 일반 백색소음과는 달리 한두 살까지도 아기가 울거나 보채는 경우에 사용할 수 있다. 비닐봉지를 손으로 구겨주면 /바스락 바스락/하는 소리가 최대 70dB의 크기로 들리게 되고, 비닐봉지의 크기에 따라서는 500 헤르츠의 저음도 나오는 등 약간의 차이가 있긴 하지만 대부분의 비닐봉지 구기는 소리는 6천~만 헤르츠의 고주파 백색사운드로 우리의 청감을 쾌활하게 만들고 안정감을 느끼게 해준다. 게다가 소리의 크기가 그리 크지 않고, 손으로 구겨야하므로 계속 지속하기가 힘들어서 대부분의 경우에 10분 이내로 소리를 들려주게 되고 따라서 소음성난청이나 청각인지장애에 대해 크게 염려할 필요가 없다.

생후 1~2년 지났지만 아직은 말을 잘 못하는 아이들이 울거나 보채는 경우에는 아이가 울 때 목소리를 녹음해두었다가 나중에 아이가 울 때 들려주면 울음을 그친다. 주의할 것은 자신의 목소리가

① 진공청소기로 신생아를 달래면 소음성난청에 걸릴 수도 있다.
② 비닐봉지를 구기면 쾌활한 백색음이 나온다.
③ 유치원생들은 인지능력이 있어서 백색사운드를 싫어한다.
④ 아이가 우는 소리는 고음이라서 녹음해서 들으면 누구든 자기 목소리로 착각한다.
⑤ 생후 1~2년 미만의 아기에게 자신의 울음소리를 녹음해서 들려주면 울음을 그친다.

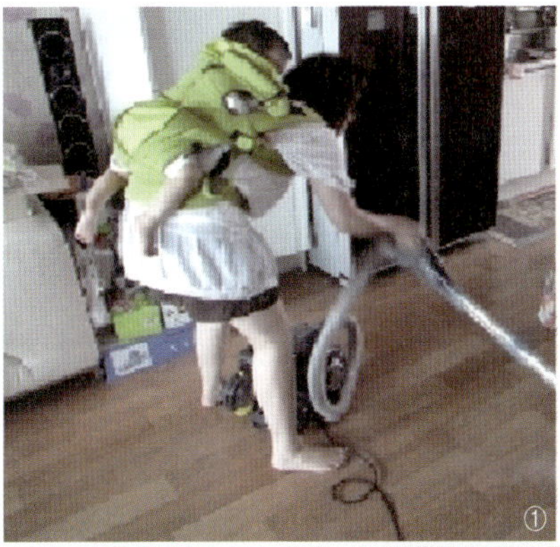
①

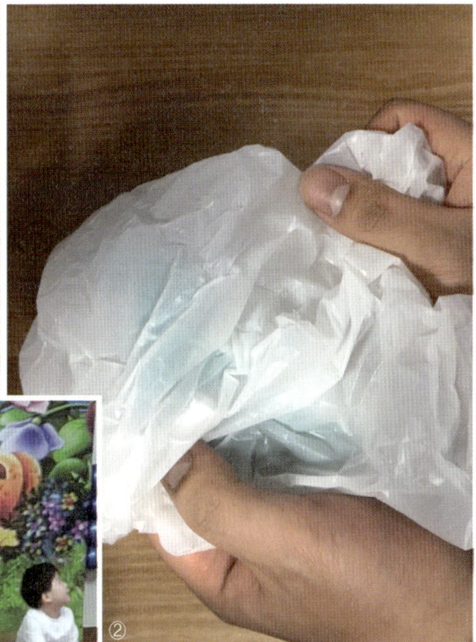
②

③

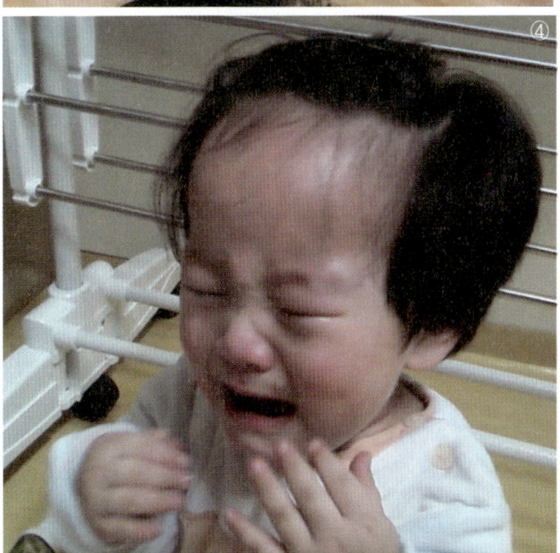
④

⑤

아닌 다른 아기의 울음소리를 듣게 되면 아이는 울음소리를 그치지 않고, 그냥 계속 더 울게 된다는 것이다. 내가 아닌 다른 아이가 우는 소리를 들으면 동감을 하면서 나도 함께 울고 싶은 충동을 더 느끼게 된다고 한다. 아마도 상가 집에서 누군가 우는 소리가 들리면 함께 울고 싶어지는 충동이 생기는 그런 음향심리효과라고 볼 수 있다.

그러나 자신의 울음소리를 들려주면, 대부분의 아기들은 자신의 목소리를 알아채고는 그 심정을 이해하고 위로라도 해 주듯이 자신의 울음을 그치고 우는 소리가 나는 녹음기를 쳐다보게 된다. 성인의 경우, 말하는 소리를 녹음하면 평상시에 듣는 자신의 목소리와 녹음기를 통해 듣는 목소리가 다르게 들리겠지만, 아기들은 입안에서 고막까지의 길이가 짧고, 또한 울 때는 소리가 고음으로 올라가기 때문에 자신이 실제로 울 때 듣는 목소리나 녹음해서 듣는 소리의 음색이 거의 동일하게 느껴진다. 또한 자신만의 턱 떨림이나 폐활량에 의해 우는 리듬과 음폭이 남들과 다르다는 것을 알고 있기 때문에 다른 아이의 울음소리를 녹음해서 들려주면 그 차이를 금방 알아차려 버린다. 따라서 아기의 울음소리를 녹음해서 다시 들려주면 녹음기를 통해 들려오는 또 다른 자신의 울음소리에서 애처롭고 측은한 감정을 느끼면서 위로해주고 싶은 충동을 느끼게 되고, 그래서 울던 아기는 울음을 그치게 된다.

다른 사람이 하는 말을 이해하고, 자신의 견해를 어느 정도 피력할 수 있는 나이인 유치원생들이 울거나 보챌 때도 이 방법으로 아이를 달랠 수 있을까? 유치원생들에게 백색사운드를 들려주면 대부분의 아이들은 귀를 틀어막으면서 아주 싫어하는 감정을 표현한다. 아무런 의미도 없이 다만 큰소리가 나오는 백색사운드에 흥미를 느끼지 못하고 그냥 시끄러운 소음으로 들으면서 그 소리를 아주 싫어하게 된다. 게다가 우는 소리를 녹음해서 들려주게 되면, 왜 달래주지 않고 놀리고 있느냐면서 더 떼를 쓰며 운다고 한다. 이처럼 아이에게 어느 정도 언어인지능력이 생긴 후에는 의미가 없는 소리는 아이를 달래는 데 별 도움이 되지 않는다.

요약하면, 생후 3~4개월이 지나 아기가 울거나 보챌 때는 아이 자신의 목소리를 녹음해서 들려주면 울음을 그치게 된다. 울음소리는 고음이라서 내이로 듣는 소리보다는 입 밖으로 나와 다시 고막을 통해 들리는 소리를 더 많이 느끼기 때문에 울고 있을 때 자신이 듣는 소리와 녹음해서 들려주었을 때 소리가 거의 비슷하게 느껴진다. 결국 울음소리만큼은 자신이 듣는 소리와 남이 듣는 소리가 거의 같다는 것이다.

누군가가 달래주어야 울음을 그치는 나이는 이미 지난 여러분이지만 그래도 이 방법을 활용해볼 수 있을지도 모른다. 내 울음소리를 녹음해두었다가 울고 싶을 때 그 소리를 들으면서 자신의 처지를 연상해보면서 스스로를 잘 위로해봄직 하다.

소리이야기 06

러시아에 큰 운석이 떨어졌다

필자가 어렸을 때는 공해가 별로 없어서인지 밤하늘의 별들이 참 밝고 무성하게 많다는 생각을 하면서 자랐었다. 게다가 시력도 좋아 하늘 높이 반짝이는 별들과 달을 맨눈으로 관찰하려고 열심히 바라보기도 하였다. 그러다 보면 가끔은 하늘 좌우를 가르면서 별똥별이 나타나 밤하늘을 휘황찬란하게 밝히다가 순식간에 사라지곤 했었다. 사실 지금까지 우리나라 상공에 나타났었던 운석들인 별똥별은 수십 cm정도에 불과한 크기로 출현 빈도 또한 그리 높지 않다고 한다.

운석은 우주를 떠도는 바위들인데 그 중 크기가 큰 것은 지구와도 크기를 겨눌만한 것들도 있다고 한다. 그런데 최근 러시아 첼랴빈스

① 운석이 떨어지는 모습이 자동차의 블랙박스에 잡혔다.
② 러시아 운석의 경우 지진규모 6의 지진피해와 비슷한 것으로 분석되었다.

크 주를 비롯한 우랄 산맥 인근 지역 30km 상공에서 직경 수 km의 운석이 폭발하면서 파편이 튀고, 동시에 유리창이 깨어지면서 담벼락이 갈라지는 등 지진강도 6 규모의 큰 피해가 발생하였다. 운석이 우주공간을 돌다가 지구 대기권에 들어오면 공기의 마찰력으로 인해 불이 붙게 되는데, 러시아 상공의 운석은 규모가 커서 그 불길로 인해 운석이 폭발한 것이었다.

상식적으로 생각하면 상공에서 운석이 폭발하면서 돌 파편이 생겼고 이것이 지상에 떨어지면서 돌 우박과 같은 피해를 입혔을 것이므로 이때 집안에 있거나 실외에 있다 해도 머리 부분을 가리면 피해가 줄어들 것이라고 쉽게 생각할 수가 있다. 그러나 운석충격파가 지상으로 전해지면서 건물 창문 유리들이 무더기로 파괴됐고, 일부 건물은 천장과 벽이 무너지기도 했다. 이 사건으로 첼랴빈스크 주 주민 1,500여 명이 부서진 건물 창문 등의 파편에 맞아 부상당했다. 한

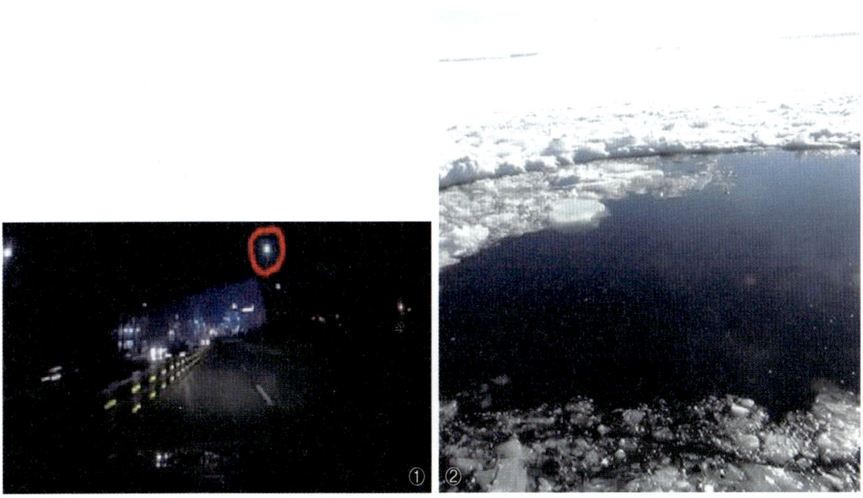

편으로는 NASA와 같은 우주항공담당 기관에서는 그동안 뭐하고 있었는지, 피해를 줄 정도 크기의 운석이라면 지구 대기권에 진입하기 전에 폭파시키는 영화 〈딥 임펙트(Deep Impact)〉에서 보았던 것처럼 비슷한 대비책을 수행할 수는 없었는지 하는 아쉬움이 남는다.

그러나 러시아 운석의 경우 〈딥 임펙트〉 프로젝트를 수행할 만큼 아주 큰 규모가 아니라 사전에 감지하기가 어려웠다고 하며, 특히 러시아 상공에서 초속 18km로 날라 오다가 불길로 인해 폭발할 때 그 에너지의 대부분이 소리에너지로 바뀌면서 사람 귀에는 들리지 않는 초저주파의 에너지가 지상에 도달하면서 지축을 흔들었고 이로 인해 대규모 지진이 일어났던 것이다. 처음에는 고속으로 날라 온 운석이 공기와 마찰하면서 그 폭발파편으로 지구에 지진을 일으킨 것으로 추측되었으나, 사후 분석을 해본 결과 전문가들은 그 지진의 원인이 바로 소리음향파인 초저주파(인프라사운드)에 의한 충격이라는 것을 알아낸 것이다.

KBS 뉴스 과학재난 팀에서 러시아 운석에 의한 피해규모를 소리음파를 사용하여 규명하고 분석해 보자는 긴급 연락이 들어왔다. 며칠 전, 우리가 지진관측소를 통해 입수한 지진파와 공중음파 분석을 통해 3차 북한 핵실험의 규모를 누구보다도 정확하게 밝혀 주었기 때문인지, 또는 운석충돌이 소리 음향파라는 사실 때문에 소리공학연

① 러시아 운석 충격 시 발생한 지진파
② 러시아 운석 충돌 시 지축울림에 의해 나타난 공중음파의 성문스펙트럼

구소를 띄 올렸었는지에 대해서는 정확히 잘 모르겠으나, 운석충돌의 피해규모 분석을 항공우주연구원이나 지질자원연구원에 의뢰하지 않고 우리 연구팀에게 바로 연락이 온 것은 아주 고무적인 일이었다.

외신에 따르면 러시아 운석의 피해규모를 파악하기 위해 지구에는 음파관측소가 여러 군데 배치되었고, 이들 관측소에서 잡힌 지진파와 공중음파에 대한 파형과 스펙트럼 사진이 인터넷을 통해 공유되고 있었다. 지진계는 지각의 변동을 소리음향파로 분석하는 장치로, 각 나라마다 정부에서 설립한 지질자원연구원에서 주관하여 많게는 수천 개의 지진계를 지하에 매설한 후 24시간 쉴 틈 없이 그 변화를 기록관찰하게 된다. 러시아 운석 충돌 시에도 그 폭발의 영향이 지진계에 잡혔었는데, 당시의 폭발은 지진강도 6정도로 수 백 킬로톤의 TNT 용량의 폭발에 해당하는 대규모로 기록되었다.

한편 지표면에서는 어레이 마이크로폰으로 공기를 울리는 소리음향파를 측정하게 되는데 이를 공중음파계(geophone)라고 한다.

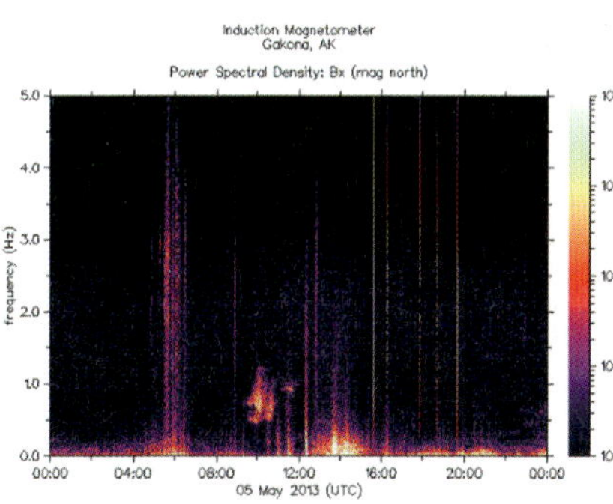

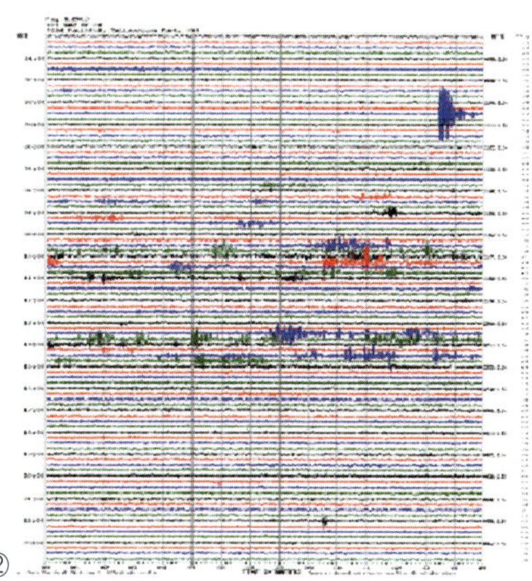

① ②

이 장치는 주로 각 나라에서 진행 중인 핵실험이나 미사일 발사여부와 그 규모를 측정하기 위해 설치된다. 따라서 러시아를 중심으로 11개의 장소에 설치된 공중음파계에서도 러시아 운석의 충돌음이 시간차를 가지고 수음되었다. 러시아 운석의 폭발은 상공 30km에서 발생하여 초주파의 소리에너지가 공기를 통해 전달되었고, 땅속에서 발생하는 일반 자연지진과는 다르게 지진파의 진원지가 상공이었으며 특히 피해를 준 진앙이 아주 넓게 분포되어서 그 에너지가 분산되었다는 특징이 있다. 그래서인지 다행스럽게도 지진규모에 비해 인명피해는 많지 않은 편이었다.

NASA에서 러시아 운석 폭발에 의한 공중음파의 위력을 계산해 보았는데, 충돌시의 위력은 TNT용량으로 환산했을 때 수 기가톤에 해당하고, 그 여파로 지상에 피해를 준 것은 300킬로톤 규모라고 발표하였다. 우리는 이보다 좀 더 정확한 분석이 필요하였다. 먼저 귀에 들리지 않는 소리인 초저주파지만 그 에너지는 물체를 밀어내기에 충분하다는 것을 보여주는 실험을 KBS 기자와 함께 수행했다. 저음스피커 1미터 거리에 얇은 티슈를 걸어두고 저주파 음을 발생시켰더니 소리에너지로 인해 종이가 밀려나는 것을 보여주었고, 이어서 촛불을 3개 켠 후 1미터 거리에서 저주파로 촛불을 끄는 실험도 해 보였다. 귀에 들리지 않는 초저주파 음이 이렇게 위력적이라는 것을 간단히 보여준 실험이었다.

러시아 운석 폭발의 경우 충돌 시에 발생한 소리의 주파수는 0.8 헤르츠이고, 그 후에 10여분동안 공기울림을 유발하였는데 그때의 공명울림 음은 0.02 헤르츠였다. 소리 자체는 너무 낮은 음이라 우리 귀에는 들리지 않았지만, 우리가 일상생활 속에서 가끔 접하게 되는 천둥번개소리의 이치와 유사하다. 즉, 번개는 하늘과 땅을 가르는 전류인데 이때 급속한 기압차로 인해 /쿵/하는 충격음이 나오고 이 소리가 다시 지축을 흔드는 /쾅/하는 소리울림 음을 만들어서, 결국 천둥번개 소리는 /쿵쾅~/하면서 우리 귀에 들리게 된다. 러시아 운석도 이처럼 폭발 시에 /쿵/하는 충격음을 만들고 이것이 지축을 흔들어서 /쾅/하는 여진, 소리울림으로 남게 된다.

먼저 지축을 흔드는 /쾅~/하는 소리울림의 고유주파수에서 피해면적을 계산하였더니, 그 규모가 250km^{2}에 이르렀는데 이는 히로시마원폭(피해면적 12km^2, TNT용량 16킬로톤)의 21배에 해당하고, TNT용량 환산규모로는 333킬로톤에 해당하는 엄청난 규모였다. 또한 운석폭발 시에 우리가 계산한 TNT폭발용량은 약 13메가톤의 에너지가 분출되었다. 이처럼 지진파로는 수백 킬로톤의 피해규모라는 등의 대략적인 치수로만 측정되지만, 공중음파의 고유진동수를 측정한다면 측정된 어느 곳에서나 동일한 결과가 얻어질 정도로 정확한 피해규모를 분석할 수 있다.

요약하면, 러시아 상공에서의 운석 폭발은 돌 파편이 튀어서 큰 피해를 주기도 했었지만, 대기권에 진입하면서 발생하는 열로 인해 운석이 폭발하는 바람에 그 에너지가 공기를 통해 소리로 전달되어 지진을 유발하였다. 이것은 그 진원지가 지하가 아닌 상공에서 운석의 대기권 충돌로 인해 발생한 초저주파 음에 기인하는 것이므로, 우주계의 한 부분인 지구에서 살아가는 인류의 안전을 위해서는 미래의 운석 폭발에 대한 대비책 또한 시급히 마련해야 할 것으로 판단된다.

갈대밭에서 소리를 질러보자!

우리의 신체구조를 보면 귀는 두 개인데 입은 하나이다. 주변의 소리는 많이 받아들이되 가급적 내가 하는 말소리는 듣는 양의 반만 하라는 의미라는 생각을 해본다. 따라서 어떤 환경에서든지 듣는 소리의 유입과 말하는 소리의 발성 유출이 상호 균형을 맞춰야 정신건강이 평온해 지는데, 실제로 실생활에서는 그렇지 못하다.

듣기 싫은 소리가 들릴 때 아무런 불평도 하지 않은 채 무작정 참으면서 그 소리를 듣기는 정말 힘들다. 말다툼을 할 때도 상대방보다 내가 말하는 속도가 빨랐으면 절대로 양보하거나 지지는 않았을 것이라며 뒤늦게 억울해하기도 한다. 간혹 잘못은 상대방이 했음에도 불구하고 목소리가 작은 탓에 교통사고의 주범으로 몰리기도 한다.

① 자연의 소리는 주변의 분위기를 감싸서 외롭지 않고 안정감 있게 만들어준다.
② 조용한 집이나 절에서 공부하려면 적막감과도 싸워야 한다.

①

②

수업 중에 질문을 하고 싶어도 말하는 속도가 느린 나 때문에 진도가 늦어질 급우들의 입장을 고려하여 말하지 못하고 마음만 답답해지는 경우도 많다.

열 받았을 때 큰 소리를 지르고 싶은 욕망은 옛 사람들도 마찬가지였었나 보다. 어느 날 한 신하가 임금님귀가 당나귀 귀임을 알았으나 이를 발설하면 극형에 처한다는 경고 때문에 말도 못하고 끙끙 앓던 차에 갈대밭에서 소리를 지르면 그 소리가 퍼지지 않고 묻혀 진다는 것을 알게 되었다. 드디어 갈대밭을 찾아가서 큰소리로 "임금님귀는 당나귀 귀!"라고 마구 질러댔지만 그 누구도 듣는 사람이 없어서 무사했다는 우화도 있다.

왜 하필이면 갈대밭이었을까? 갈대는 키가 큰 편이나 가늘고 바싹 말라있는 편이라 바람에 잘 흔들리고, 잔털이 많아서 작은 바람에도 쉽게 흩날리니 정말 바람 잘 날이 없는 표현이 딱 맞는다. 갈대는 일반적으로 갯가나 호수, 강 따위의 물이 있는 곳의 주변이나 습지에서 군락지를 이루면서 서식한다. 이런 갈대밭에 바람이 불면 바람 스치는 지점이나 부분이 아주 다양해서 그야말로 백색소음이 크게 들린다. 이곳에서 소리를 지르게 되면, 사람의 목소리가 백색소음에 묻혀버리는 사운드마스킹 효과가 나타난다. 그래서 웬만큼 큰소리로 말을 하더라도 옆에서는 /쏴아~/하는 갈대 흔들리는 소리로만 들릴 뿐 무슨 말을 하는지 도무지 알아들을 수가 없게 된다.

한편, 대부분의 사람들이 잘 알고 있는 것처럼 소리를 지르게 되면 스트레스가 해소되는데 그 이유는 무엇일까? 그 이유는 바로 큰 소리를 지르려면 쉼 호흡을 길게 해야 한다는 발성의 원리에 있다. 우선 긴 호흡을 하면, 들숨과 날숨이 이어지는데, 이때 공기가 목젖이나 성도의 소리 길을 지나면서 공기 마찰을 유발한다. 즉, 공기가 목안의 피부를 스치면서 지나가기 때문에 시원함을 느끼게 된다. 이러한 현상은 큰소리로 발성을 할 때도 마찬가지로 큰소리를 내면 목구멍에서 동일한 공기마찰이 발성하여 나도 모르게 시원함을 느끼게 된다.

게다가 한숨을 일순간에 내쉬게 되면 공기마찰이 더 크게 느껴져서 호흡하는 사람은 시원함을 좀 더 많이 느끼게 된다. 그래서 화가 나거나 스트레스를 받은 사람들은 자신도 모르게 깊은 숨을 들이키게 되고, /푸욱/하는 한숨을 내쉬면서 목 내부의 피부를 공기로 마사지하여 시원함을 느끼려고 한다. 그렇지만 문제는 한숨 쉬는 소리가 옆 사람에게는 아주 크게 들리고 동시에 피부를 쓸어내리는 것 같은 불쾌한 소리로 들리게 된다는 것인데 실제로 이런 소리를 듣는 사람들은 아주 듣기 싫은 소리라고 한다.

무엇보다도 큰 소리로 말을 하려면 폐에 공기를 많이 모으면서 성대와 소리 길을 통해 공기를 빠른 속도로 일순간에 배출해야 한다. 공기가 폐에 모아지면 그 주변의 장기가 압박을 받게 되는데, 특히 심장의 활동이 폐에 의해 제한을 받게 된다. 사람들은 스트레스로 인해 가슴의 답답함을 느끼는 경우에 심장의 맥동상태가 아주 불안정해지는데, 1초에 1.5번 정도로 순환하던 혈액이 스트레스 등으로 불안정하게 되면 1초에 2~3번으로 속도가 급속히 올라간다. 이때 큰 소리로 말을 하면, 허파에 공기가 모아지는 주기마다 심장을 압박해주기 때문에 심장의 혈액순환이 천천히 되면서 심장이 1초에 0.3~0.5번 정도로 천천히 뛰도록 잡아주는 역할을 한다. 즉, 큰 소리가 화를 풀 수 있도록 심장을 안정화시켜 주는 것이다.

대선주자로 나서겠다고 선언한 분들 중 한 분은 인터뷰에서 소리를 지르는 것으로 화를 풀며, 소리를 지르는 방법은 자기 집 화장실에서 수돗물을 틀어놓고 한다고 말한 적이 있다. 이러한 발상은 소리공학 측면에서는 전혀 바람직하지 못하다. 수돗물의 수압이 아무리 높아도 물이 바닥에 부딪힐 때 들리는 /쏴아~/하는 백색음의 크기는 80dB 이하인 반면, 목소리를 크게 지르면 입에서 나오는 소리의 크기가 100dB이 넘어가기 때문에 목소리는 거의 상쇄되지 않고 크게 들린다. 오히려 큰 목소리가 화장실 벽을 타고 위층과 아래층에 울려 퍼지면서 이웃에게 심각한 소음피해를 주게 된다. 따라서 집안의 화장실보다는 다른 곳을 찾아야 한다.

소리를 크게 지르거나 말을 많이 하면 스트레스가 줄어든다는 것을 알지만, 아쉽게도 우리생활 주변에는 갈대밭처럼 소리를 크게 지를만한 곳이 별로 없다. 소리를 질러도 주변 사람들이 잘 듣지 못하게 하는 특별한 시설은 없을까? 그런 곳 중 하나는 바로 노래방이다. 아무리 음악을 크게 틀어놓고 큰 소리로 다른 말을 해도 노래방과 노래방 사이에는 흡음재로 방음이 되어있어 다른 방에 피해를 주지 않

① 소리공학연구소에서 최초로 개발한 컵 모양의 사운드킬러
② 숭실대 인근 공원에 설치되었던 소리 멀리지르기

①

으므로 마음 놓고 소리를 지를 수 있지만, 불행히도 함께한 동료들은 그 시끄러운 소음을 공유해야 한다. 따라서 큰 소리를 지르고 싶은 사람은 노래방에 혼자 가야 한다.

소리공학연구소에서는 서울시의 협조를 받아 사운드테마파크의 일원으로 숭실대 인근 공원에 목소리 크게 지르기 측정기를 설치한 적이 있었다. 공원을 산책하다가 약간 높은 언덕에 올라서서 /야호~/하는 소리 대신 /아~/하고 고성을 내면 그 소리가 전방 몇 미터까지 들리는 가를 측정해주는 것이다. 50미터마다 설치된 가로등에 소리가 도달할 때마다 회전전등을 켜 주어 거리감을 사람들로 하여금 눈으로 확인하고 몸으로 느낄 수 있게 하는 방법이었다. 이 측정기는 공원을 찾는 등산객에게는 아

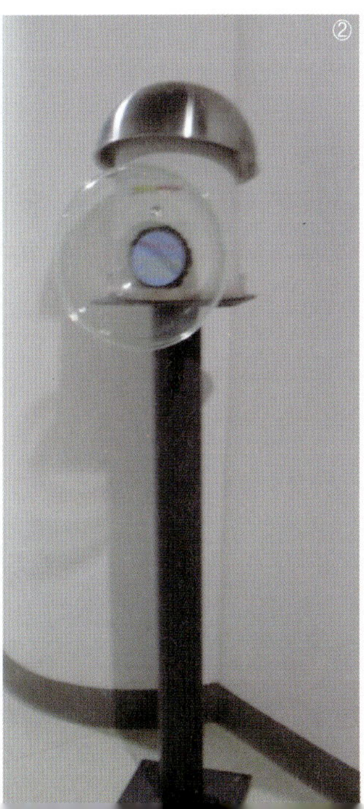

②

주 인기가 좋았으나, 역시 듣는 사람들에게는 소음피해를 주었고 일주일도 못가서 공원 인근에 사는 주민들의 민원에 결국 측정기를 철수할 수밖에 없었다.

소음문제를 해결하기 위해 고심하다가 소리를 지르고 싶은 사람들을 위해 소리공학연구소에서 새롭게 만든 것이 바로 사운드킬러(sound killer)이다. 컵 모양으로 생긴 사운드킬러는 컵에 대고 목소리를 크게 질렀을 때 나오는 소리의 울림을 반대로 하여 소리를 삼켜서 그 크기를 줄어들게 만든 장치이다. 일반 컵에 소리를 지르면 대부분 소리가 울려서 소리가 더 커져서 나오지만, 사운드킬러는 소리의 성분별로 15~20dB 정도씩 오히려 크기를 감소시킨다.

소리 지르기 측정기의 경우, 목소리를 크게 지르면 소리의 방향성으로 인해 공원의 일부를 울려 더 크게 들리게 되는데, 사운드킬러는 소리의 방향성을 제거해서 주변의 소리울림을 없애주고, 동시에 소리의 진원지에서부터 에너지의 주된 성분을 사라지게 만들기 때문에 소리진원지에서 10m만 떨어져도 소리크기는 50dB 이하로 떨어져서 주변에서는 소음피해를 거의 느끼지 못하게 된다.

결론적으로 소리를 크게 지르면 목소리 발성원리에 의해 스트레스와 답답한 심정이나 울분은 어느 정도 제거할 수 있지만, 막상 주변사람들의 눈치를 보지 않고 맘껏 소리를 크게 지를 만한 갈대밭 같은 장소가 없는 것이 현실이다. 그래서 소리공학연구소에서는 컵 모양의 사운드킬러를 최초로 개발하였으니, 그동안 다른 사람들에게 소음피해가 될까 걱정했던 곳들, 공원, 아파트, 골프장, 학교 등에서도 사운드킬러를 사용해 맘껏 큰 소리를 질러 보기로 하자!

소리이야기 08

보이지 않아도 소리가 나요

눈으로는 거의 보이지 않는 미시의 세계에서도 과연 소리가 나오는 것일까? 이 질문은 필자가 초등학교 저학년이었을 때의 기억을 회상하게 만든다. 어린 시절 나는 손가락에도 눈이나 귀가 하나 더 달려있으면 얼마나 좋을까 하는 상상을 해본 적이 있었다. 세수를 하면서 손가락으로 물속을 휘저으며 헤엄을 치면, 하나 더 달린 눈으로 물속이 보일 테니 좋겠다는 생각도 해보고, 문풍지에 손만 갖다 대면 하나 더 달린 귀로 방안의 온갖 작은 비밀 소리를 다 들을 수 있을 테니 좋겠구나 싶었다. 잘 보이지도 않고 잘 들리지도 않게 숨어있거나 혹은 크기가 작은 것들에 대한 괜한 호기심이 발동하곤 했었던 것이다. 그러나 지금 생각해 보면 그게 없다는 게 얼마나 다행스러운지 모른다. 손가락에 눈이나 귀가 붙어있다면, 분명 손가락 관리를 청결하게 해야만 할 것이고, 다치지 않도록 잘 보호해야할 것이며, 그 외에도 이것저것 신경 쓸 일이 더 많아질 것이니, 부지런하지 못한 필자에게는 그저 한 쌍의 눈과 한 쌍의 귀만 있어도 충분히 듣고 충분히 보고 있지 않은가.

사실 나의 호기심은 더 많은 귀와 눈을 가지는 것이 아니라 미시의 세계에서 나오는 소리를 듣고 싶다는 데 있었다. 즉, 우리가 평소에 잘 보지도, 잘 듣지도, 잘 느끼지도 못하여 그냥 무시하고 지내게 되고 마는 작은 미물들의 세계에서 나오는 소리를 한 번 들어보고 싶은 것이다. 그래서 초소형 마이크로폰을 방수 상태로 만든 후 물 속에 넣어 소리녹음 실험을 해 보기도 했다. 수돗물을 틀어, 세숫대야에 물을 받고 있을 때 물 속에서 들리는 소리, 분수대 옆에서 물 수증기를 맞으면서 분수대 속에서 나오는 소리, 싱크대 배수구에 마이크를 부착하여 물이 흘러갈 때 나오는 소리 등 물과 관련된 여러 다양한 소리들을 채집해 보았다. 심지어는 마이크를 배에 부착하여 내 뱃속에서 들리는 내부의 소리, 보이지는 않지만 내 안에 들어있는 온갖 장기들이 내는 소리들도 증폭하여 기록하여 보기도 했었다.

그러던 중에 KBS 방송 〈스펀지〉 팀에서 시청자 제보에 대한 분석을 요청받았다. 옷걸이에서 북소리나 장고소리가 들린다는 제보인데, 과연 제보내용이 사실인지 옷걸이가 내는 소리를 규명해 달라는 내용이었다. 시청자가 보내온 옷걸이는 플라스틱이나 나무로 만든 것이 아니라 그냥 쇠줄로 몇 번 꼬아서 만든, 우리가 흔히 볼 수 있는 보급형 옷걸이, 일명 세탁소 옷걸이였다. 제보내용에 따르면 1

① 쇠줄로 만들어진 옷걸이를 손으로 쳐보면 장고소리가 들린다.
② 뒤집개를 쳐보니 에밀레종소리가 들렸다.
③ CD를 손으로 쳐보면 북소리가 들린다.

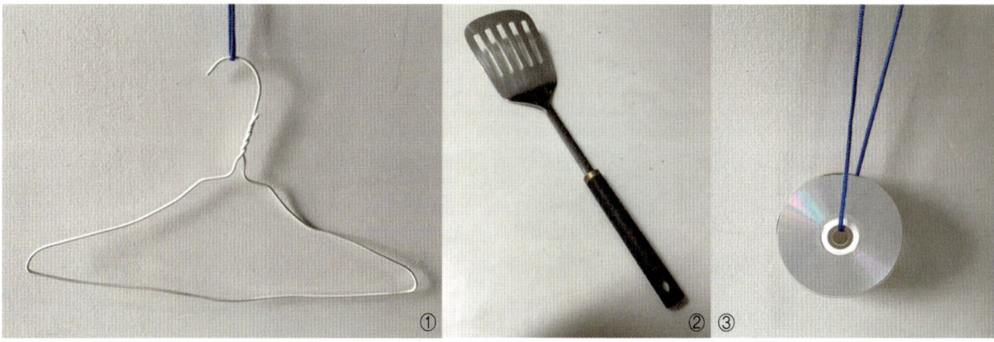

미터 길이의 실을 한쪽은 옷걸이의 고리부분에 묶고, 실의 다른 쪽은 끝의 20cm 정도 되는 위치에서 사람의 귀 바퀴에 두른 후 실 끝을 손으로 잡고 있는 상태에서 다른 사람이 손이나 나무로 옷걸이를 치면, 북소리나 장고소리가 들린다는 것이었다. 우리는 이 소리를 누구나 들어볼 수 있도록 녹음을 해서 재생해보기로 했다. 귀 바퀴에 실을 묶는 대신에 마이크의 센서 부위에 실을 묶어두고, 다른 한쪽 끝에는 옷걸이를 매달아 놓은 채 실을 툭툭 치면서 나오는 소리를 녹음하였다.

정말로 실을 칠 때마다 옷걸이에서 들리는 소리는 /덩덩~/거리는 장고소리와 유사하였고, 신기하게도 1~2초의 여운(잔음)까지 느껴졌다. 실제로 장고소리와 스펙트럼을 비교해 봐도 230 헤르츠 근방에서 기본 공명울림이 유사하게 얻어졌으며, 배음(harmonics) 구조도 5개 이상 나오고 있었다. 다만 소리의 크기가 작아서 진폭을 1,000배(60dB) 이상 증폭하여야 일반인들이 귀로 들을 수 있을 정도였다.

기왕 실험을 하는 김에 옷걸이가 아닌 다른 물체에 대한 소리도 확인해보기 위해 이번에는 마이크에 연결된 실에 CD 1개를 매달아 놓고 쳐 보았다. 이 소리는 북소리와 패턴이 유사하였다. 북의 둥근 가죽 면을 채로 치게 되면 /쿵~/하는 충격음이 발생하고 저음의 통울림이 수초 간 이어지면서 여음이 나온다. CD판을 쳤을 때도 /쿵/ 하면서 122 헤르츠의 기본음이 나오면서 1초간 여운이 남았다. 두 개의 소리스펙트럼을 비교해 봐도 북소리에서 나오는 충격음과 135 헤르츠의 기본공명울림이 거의 유사하면서, 그 소리가 수초 간 지속되는 잔음특성도 유사하였다.

다음에는 부침개를 요리하면서 뒤집을 때 사용하는 뒤집개를 매달아 놓고 쳐보았더니 시간마다 종을 울리는 괘종시계의 소리처럼 들렸다. 일반적으로 뒤집개는 뒤집는 면이 금속판으로 되어있고 가운데 네 개 정도 서로 다른 크기의 직선형 구멍이 뚫려 있었는데, 뒤집개를 치게 되면 이곳에서 서로 다른 철판 음이 들리면서 화음을 이루는 것이었다. 그 소리는 /윙윙~/거리면서 아주 상쾌한 울림이 나오고, 타격 후에는 수초 간 소리의 여운도 이어졌다. 소리 음정을 비교해보니, 괘종시계의 종소리보다는 차라리 성덕대왕신종(일명 에밀레종)의 소리성분과도 유사하였으나, 아쉽게도 소리의 여운은 에밀레종이 수 십초 이상 이어지는 데 비해 뒤집개의 소리는 아주 짧은 편이었다.

소파에서 나오는 정체불명의 소리는 애벌레가 나무를 갉아먹는 소리로 판명되었다.

이처럼 미시의 세계에서 나오는 다양한 소리들을 〈스펀지〉 프로그램에서 시청자들에게 들려주고 크게 각광을 받았다고 한다. 그러자 이번에는 SBS 방송 〈순간포착〉 팀에서 또 다른 소리를 가져와서 분석해 달라고 하였다. 영등포 부근 한 빌라에서 살고 있는 어떤 가족의 제보였는데, 밤만 되면 /사각 사각/거리는 소리가 거실의 소파에서 들려온다는 것이었다. 소파는 벌레가 들어갈 만한 구멍이 거의 없이 완전히 막혀있는 구조였다. 소리는 주로 심야에 들렸으며, 거실에서 TV를 켜놓고 소파에 누워있으면 귓가를 스치듯 작은 소리가 들린다고 하면서, 제보자가 녹음한 소리를 소리공학연구소에 보내어 왔다.

소리를 분석하기 전, 촬영 팀이 X-Ray 투시기로 소파를 투시해 보았으나, 소파의 내부에는 아무것도 보이지 않았다고 한다. 혹시나 동력을 전달받은 후 일정시간에 맞춰 나오는 기계음일 가능성이 있어 이를 먼저 확인해 보았다. 그러나 /사각/ 소리가 장시간 지속되지도 않았고, 그 간격이 시간마다 다르게 나오고 있었기에 기계음은 아

닌 것으로 판단되었다. 다음에는 소리의 음높이를 분석해 보았는데, 소파에 긁히는 소리가 쇠나 나무가 아닌 손톱 같은 부리종류가 나무에 스치는 소리로 구분되었다. 긁히는 구간의 규모를 소리울림 공명 특성으로 분석해 보니 직경 1cm 이내의 좁은 영역에서 집중적으로 나오는 소리로 그 크기는 40dB정도로 아주 작은 소리였다. 여러 가지 분석된 사항들을 정리해 보니 작은 뼈 부리가 달린 애벌레일 가능성이 높다는 판단을 하게 되었고, 드디어 소파의 가죽을 해체하여 보니 소파 내부 여기저기를 파헤치며 살고 있는 애벌레를 찾아내었다. 시청자들은 그 진행과정을 눈으로 확인하면서 마지막 장면에서 애벌레가 나타나자 "와~" 하며 탄성을 질렀었다.

요약하면, 우리는 바쁘게 살다보면 잘 보이고 크게 잘 들리는 것에만 관심을 집중하는 경향이 있다. 그 사이에 우리의 오감으로는 미처 알아채지 못하고 놓쳐버리고 마는 작은 규모의 미물들도 미시의 세상을 구성하면서 우리와 함께 살아가고 있었다. 이들의 세상에서도 마찬가지로 여러 다양한 소리가 나오고 있으며, 소리와 함께 그들만의 조화로운 세상을 잘 이루어가며 살아가고 있었다. 이번 기회에 미시의 세상도 우주의 한 구성원이고, 항상 우리와 함께 지낸다는 점을 깨우치면서 그들의 소리에도 관심을 가져보자.

고양이가 사람 우는 소리를 낸다?

필자의 중학생 시절을 회상해보면, 추운 겨울만 되면 공부방 창 너머로 갓난아기의 울음소리가 자주 들리곤 하였다. 그땐 무서워서 밖에 나가지도 못했었지만, 때로는 길게 이어지는 신음소리와도 같아서 공부를 하다가도 무슨 일인가 싶어 호기심을 가지고 소리의 근원을 찾아보려고 창을 열고 두리번거리거나 나름대로 상상해보기도 하였다. 그러나 당시에는 소리의 흔적을 전혀 찾을 수가 없었는데, 이후에도 그 소리는 아주 오랫동안 필자를 궁금하게 만들었고 최근에야 그 소리의 정체를 알게 되었다. 당시 공부방 옆에는 굴뚝이 있었는데, 고양이들이 추위를 피해 온기가 남아있는 굴뚝을 아지트로 삼아 모여들었고, 주로 새끼를 임신한 암컷고양이가 산고에 시달리면서 내는 고양이 울음소리였었다.

MBC 방송 〈놀라운 세상〉에서 고양이가 강아지 울음소리를 낸다는 시청자의 제보를 받고 취재를 하면서 과연 그럴 수 있는지 고양이의 울음소리를 분석해달라는 의뢰가 들어왔다. 사연인 즉, 회색고양이 한 마리가 다양한 종류의 강아지 몇 마리와 함께 생활하였는데, 어미 강아지에게 잘 보이기 위해서, 그리고 여러 강아지들과 잘 어울리기 위해서, 고양이인데도 불구하고 강아지가 우는 듯 낑낑대는 소리를 내면서 의사표현을 하고 있었다. 그러나 항상 강아지처럼 낑낑대면서 살아가는 것은 아니었고, 혼자 높은 곳에 올라갈 때면 본능적으로 원래 고양이 울음소리인 /야옹~/ 소리도 잘 내고 있었다. 즉, 그 고양이는 강아지들과의 공동생활에서 미운 오리새끼가 되지 않기 위해 강아지의 소리를 흉내 내면서 나름대로 영리하게 최선을 다하고 있었던 것이었다.

강아지는 다른 동물이나 사람의 소리를 흉내 내는 것이 거의 불가능한 반면, 고양이들은 이처럼 아기가 우는 것 같은 소리나 갓 태어난 강아지가 내는 /낑낑/거리는 소리를 흉내 낼 수 있는데, 그 이유는 무엇일까? 우선, 소리를 만드는 발성기관의 구조를 보면 고양이는 강아지와 차이가 많이 난다. 고양이의 경우, 소리의 기본음을 만드는 성대의 구조가 사람과 많이 닮아있고, 특히 입이나 턱 모양은 어린 아기의 그것과 아주 유사하다. 반면 강아지의 성대는 여러 곳에 구멍이 나있어서 바람 빠지는 소리가 들리곤 하는데, 그래서인지 강아지의 울음소리는 소리를 낼 때 폐활량을 길게 지속하지 못하므로 /멍~/하면서 하나의 소리를 계속 이어가는 것이 아니라 /멍멍멍~/거

① 고양이는 임신 중 산통을 느끼면 아기울음 소리를 낸다.
② 대부분의 강아지는 입이 돌출되어있고 혀가 길어서 발성이 어렵다.
③ 강아지 중에서 말티즈, 포메라니안 등은 짖는 소리를 잘 낼 수 있다.

리면서 같은 소리를 반복해서 발성할 수밖에 없다.

또한, 강아지는 고양이와 달리 입과 턱이 튀어나와 있어서 목소리를 내려면 침이 고이고, 혀가 길어 잘 움직일 수가 없으므로 발성을 할 때 필요한 움직임의 변화를 원활하게 만들어 낼 수가 없다. 따라서 단순히 /멍멍/거리는 소리만 낼 수밖에 없다. 반면 대부분의 고양이는 턱관절이 짧아서 턱과 혀를 움직이기 쉬우므로 성대에서 나오는 기본음을 내면서 동시에 /야옹/하는 변화 음도 쉽게 만들어 낼

수 있다. 다만 소리를 정교하게 발성하는 지능은 부족한 탓에 사람처럼 다양한 소리를 내거나 의사소통에 사용하지 못하고 있는 것이다.

원래 야생동물이었던 고양이들은 아무 때나 소리를 내지 않는다고 한다. 걸어 다닐 때도 바스락 거리는 소리가 나지 않게 털 속에 발톱을 숨기고 가볍게 이동한다. 고양이가 /야옹~/ 하면서 고음으로 우는 것은 아프거나 배고플 때 턱을 벌리면서 내는 소리이다. 또 상대방이 공격해올 때 자신을 과시하기 위해 큰 소리를 내는데 이때는 목젖을 떨면서 저음으로 /그르렁~/ 거리면서 마치 불이라도 뿜어낼 듯 눈에는 독기를 잔뜩 품는 것이 보통이다.

한편 우리는 동물이 듣는 청각테스트를 측정하기 위해 고양이에게 소리를 들려주고 그 반응을 조사한 적이 있다. 사람의 청각테스트에 일반적으로 사용하는 소리실험 장치를 사용하여 스피커로 동서남북 위치에서 크기별로 음높이를 다양하게 만든 소리를 5만 헤르츠의 초음파영역까지 들려주었다. 처음에는 사람이 듣는 가청주파수의 소리음높이로 방향을 바꿔 가며 들려주었을 때는 30dB의 작은 소리에도 고양이는 민감하게 반응을 보였으나, 실험이 계속 진행되면서 고양이는 졸기 시작하였다. 할 수 없이 몇 시간을 재운 후에야 다시 실험을 재개하여 소리에 대한 반응을 조사하였다. 분석 결과, 들리는 소리에 따라서 고양이의 귓바퀴의 움직임이나 신체촉감에서 놀라는

동물들은 청력이 뛰어나 대부분 초음파를 들을 수 있다.

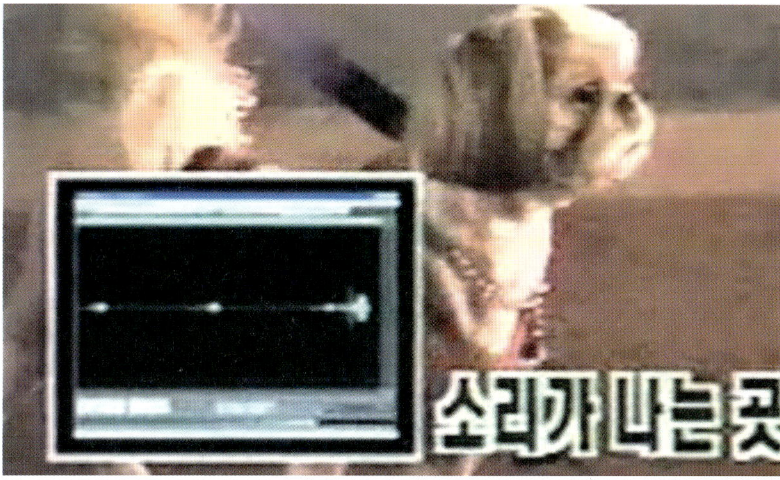

듯 작은 움직임은 보였으나, 그 어떤 경우에도 듣는 소리에 대한 반응으로 나오는 고양이 목소리는 들을 수가 없었다. 즉, 고양이는 평소에 소리를 잘 내지 않고 살아가고 있었다.

이제 우리는 애완동물 1,000만두 시대에 강아지와 고양이와 함께 더불어 살아가고 있다. 그러다 보니 간혹 애완동물들이 내는 소리가 시끄러운 소음으로 느끼게 되는 경우도 있기 마련이다. 이때 그 동물이 왜 우는 지 왜 짖는 지에 대해 좀 더 관심을 가지고 들어보면, 분명히 소리를 내게 만드는 원인이 존재한다는 것을 알 수 있다. 언어능력이 없는 동물들에게는 울음소리만이 자신의 의사를 표현할 수 있는 유일한 방법이기 때문이다. 이제는 우리가 그 소리를 자연스럽게 받아들이고 소리로 표현된 동물들의 어려움을 해소해 주려고 노력한다면 애완동물과 함께 살아가는 즐거움을 한층 더 느끼게 될 것이다.

소리이야기 10

계란장수 목소리에 응답하는 강아지

이탈리아의 산골마을에 가면 멀리 있는 사람끼리 서로 연락하기 위해 휘파람을 사용하는데, /휘이익~/ /휘익/ /휘휘~/ 등의 여러 가지 종류의 휘파람 소리를 내면 멀리서도 어떤 뜻인지 소리를 잘 알아듣고 금방 응답을 하거나 혹은 한 곳에 모이거나 한다고 한다. 큰 목소리로 "모여라!"거나 "밥 먹자!"라고 말로 외치면 될 텐데, 이 사람들은 왜 굳이 소리를 내기 힘든 휘파람 소리로 의사소통을 하고 있는 것일까? 그 이유는 바로 소리의 전달특성 때문이라고 볼 수 있다.

사람의 귀로 들을 수 있는 소리의 범위는 주파수로 20~2만 헤르츠 사이이지만, 그 중에서도 3천5백 헤르츠 전후의 주파수를 가진 소리는 크기가 작아도 잘 들을 수 있다. 휘파람 소리는 보통 천5

터키 산간지방에서 긴요하게 사용되는 휘파람 통신을 하는 모습

백~3천 헤르츠 사이의 주파수를 가진 소리이므로 멀리서도 사람 귀에 잘 들리는 특성을 가지고 있다. 또한 휘파람 소리는 발성 시에 폐에 있는 공기가 빨리 빠져나가기 때문에 그 소리를 길게 지속할 수가 없어서 가급적 짧게 /휘이익~/ 하는 소리를 내게 되고, 이때 공기의 흐름도 불안정해서 0.5옥타브 정도로 톤의 큰 변화를 유발하는 특징이 있다.

이처럼 휘파람 소리는 사람의 청각 특성상, 목소리로 말할 때보다 그 크기가 20dB 이상 작아도 더 잘 들리게 되고, 톤의 변화 또한 커서 각각의 소리가 갖는 의미의 차이를 멀리까지 잘 전달할 수 있다. 또한, 숲 속에서 지저귀는 새의 울음소리를 우리가 잘 들을 수 있는 것처럼 휘파람소리는 사람의 말소리에 비해 10배 이상 음높이가 높은 반면, 소리의 부피는 새소리처럼 가볍게 느껴져서 주변에 있는 덩치 큰 동물들도 그 소리에 잘 놀라지 않게 된다.

강아지나 고양이처럼 체구가 작은 동물들의 귀는 사람의 귀보다 작지만 더 높은 주파수음역을 들을 수 있다. 이들의 가청주파수는 일반적으로 100~5만 헤르츠 범위이다. 여기서 2만 헤르츠 이상의 소리성분은 사람들이 듣지 못하기 때문에 초음파영역이라고 하는데, 강아지들은 초음파영역의 소리도 잘 들을 수 있다. 아파트와 같은 공동 주택에서 애완견을 키우다보면 낯선 사람들이나 혹은 다시 만나 반가운 사람에게 강아지가 힘차게 짖어대게 되면 소리가 너무 커서 아주 당황스러운 경우를 당하기도 한다. 그래서 강아지들이 아예 소리를 내지 못하게 만드는 방법들이 개발되어있는데 그 중 한 가지 방법이 바로 초음파를 사용하는 방법이다.

강아지훈련기(dog repeller)라고 하는 초음파 발생기는 강아지가 짖을 때마다 /따다닥/하는 초음파 소리를 발생시킨다. 스위치를 계속 누르고 있으면 1초 간격으로 이 초음파 음이 연속적으로 발생된다. 강아지가 짖기 위해 /멍~/하는 소리를 내면, 강아지훈련기에서 강아지만 듣는 초음파소리가 나오게 되고, 강아지들은 소리를 내다말고 호기심에서 왜 소리가 나는가 싶어 훈련기 쪽을 바라보게 되면서 애초에 소리를 내려던 상황을 잊어버리게 된다. 이처럼 강아지훈련기를 사용하면 강아지만 듣는 소리를 발생하여 상황에 따라 짖거나 혹은 짖지 않도록 하는 훈련을 시킬 수 있게 된다.

또한, 강아지는 귀로 들리는 가청주파수성분들을 모두 균일하게 느끼지는 못하는데 강아지가 주로 울부짖을 때 나오는 소리주파수인

① 휘파람과 말소리의 주파수 특성비교
② 초음파를 이용한 강아지훈련기
③ 계란장수 목소리에 응답하는 시베리안 허스키
④ 속삭이는 소리와 보통 목소리의 소리성분 차이 비교

천5백~3천 헤르츠의 주파수영역의 소리를 다른 영역의 소리보다 훨씬 더 잘 들을 수 있다. 그러다보니 애완견을 키우고 있는 가정에서는 강아지가 아빠보다는 엄마의 목소리를, 또는 엄마보다는 딸의 목소리를 더 잘 듣고 따르게 된다는 것을 알 수 있다. 이 현상은 강아지가 가족의 권위 서열을 알아채서 아빠의 명령을 무시하는 것이 아니라, 사실은 강아지가 자신의 귀에 잘 들리는 목소리 톤의 순서를 잘 따라 순종하기 때문에 나오는 것이다.

개의 덩치가 중년남자와 비슷할 정도로 꽤 크다면 개가 듣는 가청주파수는 사람의 주파수영역과 아주 유사해 진다. 그래서인지 충주

지역 산악지방에 살고 있는 시베리안 허스키들은 일주일에 한 번씩 계란을 팔러오는 트럭에 달린 스피커를 통해 들려오는 계란장수 아저씨의 녹음된 목소리 "계란이 왔어요~"가 들리면 /우~/ 하는 하울링(howling)으로 응답을 한다고 한다. KBS 방송 〈스펀지〉 팀에 제보된 내용에 따라 우리 연구팀이 하울링소리를 분석해 본 결과 허스키들의 하울링 또한 야생본능에 따라 자신의 위치를 동족에게 알려서 함께 하려는 의도로 판단되었다.

계란장수 아저씨가 내는 목소리의 기본 톤은 220 헤르츠였고, 시베리안 허스키가 내는 하울링 소리의 기본주파수는 450 헤르츠로 사람 목소리의 두 배가 되는 주파수에 일치하는 톤이었다. 그리고 계란장수의 목소리는 톤이 거의 단순하게 늘어지듯 지속시간을 길게 하며 녹음기의 특성 상 연속적으로 들리게 되므로 개들은 계란장수의 목소리가 동족이 자신을 끊임없이 부르고 있는 소리로 알아듣고는 자신들의 위치를 알리기 위해 함께 하울링을 했었던 것이다.

비슷한 사례가 애완 강아지에게도 나타났었다. 일산에 사는 강아지는 〈성악 강아지〉라는 별명을 가지고 있었는데 이 강아지는 다양한 계층의 사람들이 노래를 부르면 전혀 반응을 보이지 않지만 유독 주인아주머니의 성악 목소리에만 응답하듯 하울링을 한다는 것이다. 강아지의 주인이 다른 방에서 노래연습을 하고 있어도 강아지는 주인의 성악 목소리만 들리면 가까이 다가와서 함께 /우~/ 하는 소리를 내며 울부짖는 모습을 볼 수 있었다. 주인은 노래 부를 때 소프라노 톤인 750 헤르츠의 소리를 내고 있었고 강아지의 울부짖는 소리 또한 천5백 헤르츠로 역시 주인 목소리의 2배 톤으로 하울링하고 있음을 알 수 있었다. 혹시 주인이 부르는 노래를 따라하고 있는 것이 아닐까 싶어서 주인아주머니에게 트로트가요나 동요를 불러달라고 요청해보았지만 강아지는 전혀 반응을 보이지 않았고, 남성 바리톤의 성악 목소리에도 별 반응을 보이지 않았다. 결국, 주인아주머니가 부르는 노래는 하나의 톤이 비교적 길게 지속되는 성악곡으로 강아지의 귀에 잘 들리는 음높이였기에 야성 본능의 동족을 부르는 소리로 들려 강아지의 하울링을 유발시켰다고 볼 수 있다.

요약하면, 사람이나 동물의 귀는 그 구조가 복잡하고 다양한 부분으로 이루어져 있어 가청주파수영역 내에서 들리는 모든 소리가 균일하게 감지되지 않으며 특정주파수 구간에서는 소리크기가 작아도 아주 잘 알아듣게 된다. 이들에게 잘 들리는 소리들은 발성하는 목소리 톤과 비례관계가 나타나는데, 특히 강아지들은 주변의 소리가 잘 들리고 동시에 길게 지속되는 경우에는 야성본능이 자극되면서 동족에게 자신의 위치를 알리는 하울링으로 응답하게 한다.

이와 비슷한 소리전달 현상으로 사람들이 이야기를 할 때 치아를 스치는 듯 속삭이는 목소리로 이야기하게 되면, 사람의 귀에 민감한 소리가 되어 옆 사람에게 잘 들리게 되고, 말하는 사람의 감정도 촉촉하게 와 닿게 된다고 한다. 속삭이는 목소리로 말을 하면 1~4천 헤르츠 사이에서 공기 마찰 성격을 가진 작은 크기의 소리로 발성이 되지만, 오히려 사람의 귀에 잘 들리게 되고 느낌까지도 더 잘 전달되는 소리가 되기 때문이다. 이제 사랑하는 사람과는 귀에 입을 가까이 대어 귀속까지 닿는 목소리로 속삭이면서 애정의 교감을 더 실감나게 느껴보기로 하자.

소리이야기 11

코식이가 달라졌어요

어느 해 9월의 일이었다. 에버랜드에 있는 아시아 코끼리 코식이가 사람의 말, 그것도 한국어를 한다는 제보를 듣고 방송 촬영팀과 함께 에버랜드를 찾았었다. 실제로 코식이가 한국어를 하는 모습을 보고 놀라워하면서 자세히 관찰, 분석하여 그 발성원리를 규명해주었었다. 당시 로이터통신과 CNN 및 국내의 방송언론사에서 앞 다투어 보도경쟁을 벌인 덕분에 코식이와 사육사는 물론 필자까지 국내외적으로 유명해졌던, 사건 아닌 사건이었다. 당시 코식이는 4톤 이상의 몸무게를 가진 코끼리로 15살이었다. 코끼리들은 평소 5~15 헤르츠의 초저주파를 사용하여 서로 의사소통을 하기 때문에 사람의 귀로는 전혀 들을 수가 없다. 다만 화를 내거나 위기상황에서 우리가 흔히 알고 있는 나팔소리와 비슷한 소리를 낼 수 있을 뿐이다.

그러나 코식이는 놀랍게도 자신의 코로 바람을 불어 백색잡음을 만들고, 더 나아가 입안에 코를 넣어서 비틀거나 혹은 누르면서 소리를 내어 열 가지 이상의 한글단어를 구사하고 있었다. 뿐만 아니라 사육사의 목소리 성대 톤까지 흉내 내고 있기에, 코끼리와 사육사가 발성한 소리를 비교 분석해보면 사육사의 말인지 코끼리의 말인지 구분되지 않을 정도로 비슷하다는 흥미로운 사실을 밝혀주기도 했었다.

이후 우리 연구팀은 코식이의 발성법이나 언어인지 능력에 있어서 사람의 말을 흉내내는 여타 동물들과의 차별성 등에 대해 수년간 연구하면서 국내외 학술지에 논문을 발표하고 있었다. 연례행사처럼 동물관련 TV 프로그램에서 코식이가 등장하게 되면 방송사에서는 어김없이 소리공학연구소를 찾아와 과학적인 분석을 요청했고 우리 연구팀은 이에 성실하게 응답하면서 코식이가 건강하게 잘 자라고 있다는 소식을 계속 확인할 수 있다는 사실에 만족하였다.

그러던 중 몇년 전 다시 에버랜드에서는 외국의 동물학자들을 초청하여 코식이에 대한 국제화연구를 추진한다고 대대적인 홍보를 하기 시작했다. 우리는 세계 최초로 인간의 언어를 그대로 발성하는 코식이가 한국에 있다는 사실에 자부심을 느끼면서 모쪼록 코식이에 대한 국제적인 연구가 성공하기를 기원했다. 그들은 일주일 동안 코식이와 함께 지내면서 코식이가 어떻게 발성을 하고 어떤 이유로 말을 하게 되었는가에 대해 상당한 관심을 가지고 진지하게 연구하고 돌아갔으며, 마침내 얼마 전 세계적인 학술지인 『최신 생물학(Current Biology)』에 코식이의 발성원리와 함께 코식이가 인간의 언어인 한국어를 하게 된 이유가 사육사와 교감을 갖기 위한 것이었다는 내용으로 연구결과를 발표했다.

최근 코식이에 대한 국제논문발표 소식을 접한 우리 연구팀은 코식이가 과연 첫 방문 때와 비교해볼 때 어떻게 그리고 무엇이 달라졌는지 알아보기로 했다. SBS 방송 동물농장 팀과 함께 코식이를 다시 찾아가니 처음과는 많이 달라진 모습을 찾아볼 수 있었다. 먼저 코식이가 거주하는 환경이 크게 달라져있었는데, 옛날의 사육장은 지붕이 있었으나 틈사이로 하늘이 간간히 보였던 반면, 지금은 영화 〈쥬라기공원〉에서나 봄직한 큰 우리에서 생활하고 있었다. 게다가 우리에는 철문과 항온지붕이 갖추어져있었고 이전보다 훨씬 웅장하고 깨끗한 곳으로 변해있었다.

코식이 또한 변해있었다. 우선은 22살의 장정 코끼리로 변해있었고, 목소리 톤도 점잖고 굵어졌으며, 사육사를 대하는 태도는 전보다 더 친근감 있어 보였다. 아니나 다를까. 첫 방문 때에는 사육사가 젊었기에 코식이의 발성 톤도 흉내 내는 대상인 사육사와 같은 132 헤르츠를 유지하였으나, 지금은 사육사의 목소리가 노화하고 저음화 되어 112 헤르츠로 낮아지자 코식이의 목소리도 똑같이 112 헤르츠로 저음화 되었다는 사실을 확인할 수 있었다. 코식이의 음감 능력이 향상되었다는 것, 그리고 발성하는 단어 자체의 의미보다도 사육사와의 교감을 바라고 있다는 사실은 사육사의 연령에 따른 목소리 음색의 변화를 함께 따라가고 있는 모습에서 확실히 입증되었다.

① 2006년도 15살이었던 코식이의 발성모습
② 2006년과 2012년 코식이의 성대 톤을 비교하니 사육사의 7년 연령노화에 따른 발성의 변화가 코식이에게서도 나타났다.
③ 코식이 발성에 대해 2010년부터 외국동물학자가 2년간 연구하였다.
④ 상대방의 말투까지도 흉내 내고 있는 22살 된 코식이의 모습

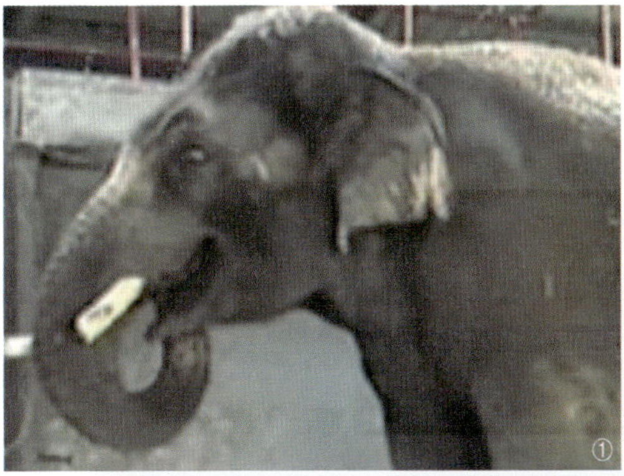
①

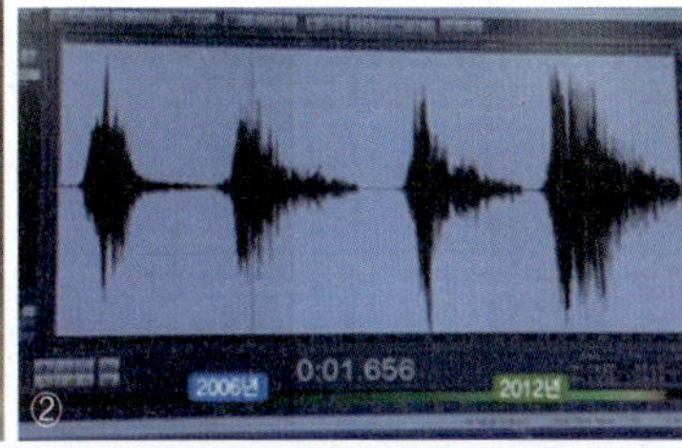
②
2006년
0:01.656
2012년

③

④

다음은 코식이가 발성하는 단어의 수를 살펴보았다. 첫 방문 때에는 /누워, 앉아, 안돼, 발, 좋아, 뒤로돌아, 얼짱있네, 아티, 아직/ 등의 10가지 이상의 단어를 발성했었는데, 지금은 /좋아, 누워/의 2개로 단어 수가 급속히 줄어들었다. 그 이유를 사육사에게 물어보니 사육시설이 아주 좋아져 지금은 코식이가 앉거나 뒤로 돌 필요가 없어져서 /앉아, 뒤로돌아/라는 말을 할 필요가 없어졌기 때문이라는 것이다. 주로 먹이를 줄 때 기분이 좋아져서 /좋아/라는 단어를 발성하고, 또 키 높이가 맞지 않을 때 /누워/라고 대화하는 정도이기 때문에 지금은 많은 수의 단어를 사용하지 않는다고 대답했다.

단어 수가 줄어 아쉽지만 코식이의 말투에 있어서는 아주 큰 변화를 발견할 수 있었다. 첫 방문 당시 사육사는 코식이에게 명령할 때 경상도 말투를 많이 사용했는데, 단어를 발성할 때 초두에 강세를 넣고, 어미를 폐쇄하는 말투였다. 당시에는 코식이도 사육사의 말투를 흉내내어 경상도 말투로 발성하고 있었다. 최근에도 사육사의 말투에는 경상도 억양이 남아 있었다. 그런데 놀라운 것은 방송 촬영팀의 PD가 서울 말투로 코식이와 말을 나누려는 시도를 하니 코식이의 응답 또한 경상도 말투가 아닌 서울 말투를 쓰는 것이 아닌가. PD의 목소리로 /좋아/라고 말하면서 어미를 올리는 말투로 말을 하자 코식이도 똑같은 말투로 /좋아/를 따라하는 것이다. 자신의 말투를 그대로 따라하는 코식이의 모습이 놀라워서 PD가 십여 차례나 반복해서 발성해보아도 이에 응답하는 코식이의 말투는 서울말투로 동일하였다.

코식이의 발성에서 기본 톤의 변화를 분석해보니, 사육사에게 말을 할 때는 112 헤르츠의 저음 톤이었으나, PD와 말을 할 때는 150 헤르츠로 높아졌다. 즉, 코식이는 들리는 말의 음색을 그대로 따라할 수 있을 만큼의 청감도를 갖추고 있다는 사실이 새롭게 밝혀진 것이다. 제2공명울림의 주파수변화는 사람목소리와 얼마나 비슷한지에 초점이 맞추어진다. 놀라운 것은 PD가 점차 의문형으로 주파수를 크게 변화시키니 코식이도 점차 어미를 높이기 시작하는 것이 아닌가? 결국 지금의 코식이는 언어의 의미정보도 잘 전달하지만 부차적이라 할 수 있는 목소리의 음정이나 말투까지도 흉내를 낼 수 있는 수준에 도달한 모습을 확인할 수 있었다.

요약하면, 몇 년 만에 코식이를 다시 보러 에버랜드를 찾았고, 달라진 코식이의 모습에 크게 놀라지 않을 수 없었다. 코식이는 이제 단순히 한국어를 하는 것이 아니라 상대방의 말투를 따라하는 능력까지 갖추고 있었다. 노화된 사육사의 음색도 그대로 따라 하고 있었고, 강세와 억양이 다른 발성자의 말투도 그대로 흉내 내었으며, 동일한 단어를 의문형이나 감탄형으로 바꾸어도 그대로 따라 발성했다. 말 그대로 코식이는 사육사의 말만 흉내내는 것이 아니라 사육사의 감정과 말투까지도 그대로 모방하고 있었다. 듣기로는 사파리 체험을 통해 코식이를 만날 수 있다니 여러분도 직접 가서 세계적으로 유명한, 〈말하는 코끼리 코식이〉와의 대화를 시도해 본다면 인간의 언어로 동물과 교감을 나누는, 아마도 평생 잊지 못할 좋은 추억거리를 만드는 기회가 될 것이다.

소리이야기 12

누구를 위하여 울어대는가

태풍이 심하게 불어 닥쳤던 몇 년 전 늦여름에 SBS 방송 〈세상에 이런 일이〉 팀에서 연락이 왔다. 강원도의 어느 마을에는 보름 전부터 밤만 되면 논밭 풀숲에서 /삑 삑 삑~/ 거리는 소리가 계속 들리고 있어서, 주민들이 무서워서 집밖으로 나갈 엄두를 내지 못한다는 제보였고, 이 소리의 정체를 밝혀 달라는 소리분석 의뢰가 들어왔다. 녹음된 소리를 들어보니 기계동력의 소리 힘이 느껴질 정도로 소리가 크고 지속적이었고, 0.1초마다 톤의 변화를 주면서 규칙적으로 끊임없이 소리가 들리고 있었다. /삑삑/거리는 소리의 음폭은 천~3천 헤르츠 사이를 오르내리면서 둔탁하지 않고 맑은 소리였다.

먼저 기계음인가에 대해 알아보았다. 멀리서 들리는 소리임에도 불구하고 소리세기의 진폭이 일정하여 0.1초 마다 삑삑거림으로 나타났으나 몇 분마다 한 두 번은 휴지기가 있었고, 휴지기 기간은 동일하지 않아 길거나 짧은 약간의 변화가 나타났으며, 쉬었다가 다시 시작할 때는 음폭의 변화가 감지되었다. 또한 소리가 날 때 마다 소

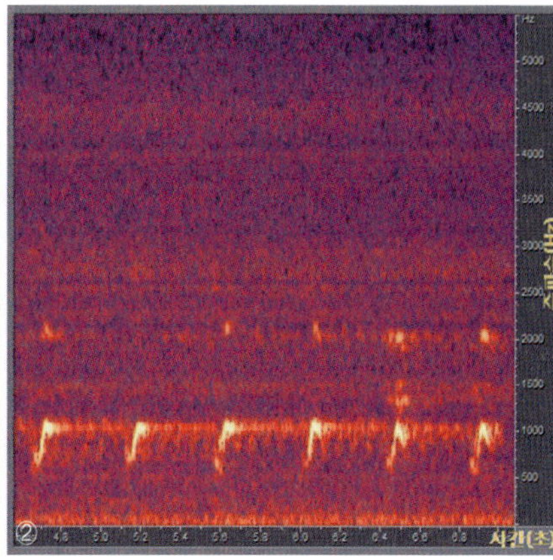

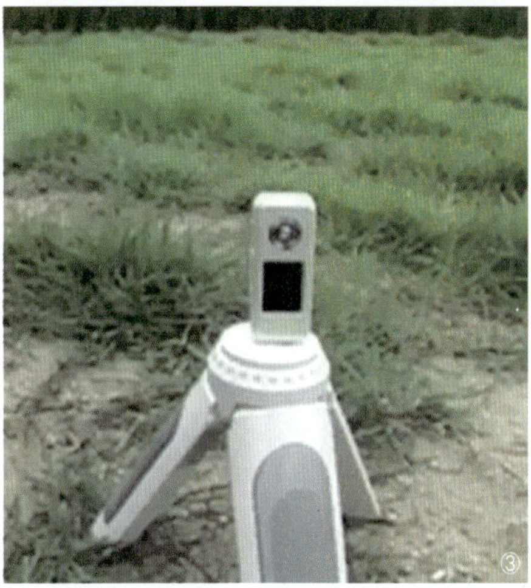

① 한 마을을 밤마다 공포에 떨게 했던 정체불명의 이상한 소리의 사운드그라프
② 논밭 풀숲에서 /뻑뻑/거리는 소리가 들렸다.
③ 소리발생 예상지역 여러 곳에 새소리를 발생시켜 새를 유인해보았다.
④ 드디어 형체를 드러낸 흰배뜸부기의 모습

리울림의 배음이 발견되었는데, 배음 성분으로 볼 때 통이나 목에서 울리는 소리였다. 따라서 기계음이 아니라 발성 중간에 피로를 느끼면 쉬기도 하는 특정 동물의 울음소리라고 판단되었다.

다음 단계로 동물의 소리 데이터베이스에서 이와 유사한 소리를 낼 수 있는 부류를 검색해 보았다. 물가의 숲에서 소리가 들렸으므로 주로 양서류나 조류가 관심의 대상이었는데, 개구리나 두꺼비와 같은 양서류는 목이 젖어있어서 소리 낼 때마다 마찰성 울음소리가 나오기 때문에 둔탁하게 들리는 소리를 낸다. 그래서 양서류의 소리는 관심대상에서 제외되었고, 결국 마을에서 들리는 소리는 맑은 소리를 주로 내는 조류에서 나오는 소리라고 알려 주었다.

관심의 대상이 조류로 좁혀지자 방송제작진들은 녹음자료를 들고 국내에서 유명한 조류학자들을 찾아 나섰다. 그렇지만 불행하게도 삑삑거리는 이런 새소리는 우리나라에서 한 번도 들어본 적이 없다며 모두들 고개를 내저었다고 한다. 그래서 소리공학연구소의 새소리 데이터베이스를 검색할 수밖에 없었다. 검색 결과 유사한 소리를 내는 새 종류는 흰배뜸부기로 검색되었는데, 이 새의 서식지는 동남아시아 특히 버마 근방이라고 한다.

우리나라에서는 서식하지 않는 새를 찾는 일이라 다른 방법이 없었기에 방송제작팀에서 소리가 나는 물가 숲 근방에 관찰카메라를 설치하여 24시간 움직임을 살펴보기로 하였다. 카메라 앞으로 뱀도 지나가고, 오리도 지나갔지만, 좀처럼 새의 모습은 포착할 수가 없었다. 알고 보니 이 새는 사람들과 어울려 사는 새가 아니었다. 즉,

낮에는 풀이 무성한 논밭주변에서 살다가 밤이 되면 먹이를 찾아 움직이는 야행성이었던 것이다.

제작진은 조류학자들의 조언에 따라 녹음한 새소리를 틀어주면서 이상한 소리를 내는 주인공 새를 유인해 보기로 하였다. 우리는 제작진이 녹음한 새소리에서 잡음을 제거하여 맑고 깨끗한 소리를 만든 후 10분 이상 소리가 지속되도록 반복 녹음한 새소리파일을 제작진에게 제공해 주었다. 제작진이 현장의 여러 곳에서 녹음된 새소리를 틀어보았지만, 소리의 주인공은 반응을 보이면서 목청 터지게 울어댔으나, 그 모습은 좀처럼 보이지를 않았다. 그러다 반나절이 지나자 관찰카메라에 드디어 아주 작은 새의 모습이 잡혔다. 그 모습을 본 순간 그토록 정열적인 소리를 낸 새가 이리도 빈약하기만 하고, 조그마한 새였단 말인가? 하는 생각에 우리는 크게 실망하고 말았다.

그런데 이 새는 왜 밤만 되면 그리도 서글피 울어댄 것이었을까? 새 박사로 유명한 윤무부교수에 의하면 새끼들은 주로 먹이를 서로 달라고 울어대지만, 다 자란 새는 짝짓기를 위해 열심히 울어댄다고 한다. 이번 새 울음소리 사건도 바로 그 때문이었다고 조류학자들은 입을 모았다. 버마지역에서 서식하는 흰배뜸부기 새가 갑자기 몰아치는 태풍을 피하지 못하고, 태풍경로인 동남아시아 해변을 따라 올라오다 보니 우리나라 강원도에 상륙하게 되었고 얼마간 지내다보니 점차 기온이 낮아지면서 빨리 짝짓기를 하고 싶은 본능에 그렇게 정열적으로 울어댔을 것이라고 말하였다.

그 무렵 소리공학연구소에서는 캠퍼스에 사운드테마파크를 조성하던 중이었다. 공원에 오면 항상 새소리를 들을 수 있도록 새소리 장치를 개발, 설치했는데 이 장치는 낮에 태양에너지를 받아 전기로 바꾸어 충전한 후 어느 정도 충전이 되면 계속 새소리가 나오도록 설계된 장치였다. 뻐꾸기, 올빼미, 두견새, 까치 등의 소리를 주변 환경에 적절한 음량으로 들려주었더니, 평소에 보이지 않았던 다양한 종류의 산새들이 날아와 소리 장치 주변을 날라 다니면서 자신의 소리를 더욱 씩씩하게 들려주는 것이었다. 즉, 동일 부류의 새소리가 소리통에서 들려오자 짝짓기를 위한 구애의 표현으로 새들은 그토록 울어대었던 것이다. 우리는 양쪽, 즉, 기계장치와 실제 새가 들려주는 새소리에 입체적인 생동감을 느꼈지만, 기계장치라는 속사정을 모르는 새들에게는 너무나 허황되게 울도록 한다는 아쉬움이 남아서, 소리장치 주변에서만 새 소리를 들을 수 있도록 가급적 새소리의 크기를 작게 하기로 했다.

요약하면, 새들이 우는 이유는 존속번식 본능의 짝짓기를 하기 위함이다. 새소리는 대체로 맑고 쾌활한데, 그 이유는 소리의 음폭 변화가 한 옥타브 정도로 크게 느껴지면서 우리의 청감세포가 생동감과 쾌활함을 만끽하기 때문이다. 이제는 주변에서 지저귀는 새소리에 좀 더 관심을 가지고 들어보기로 하자.

소리이야기 13

독재자 카다피의 목소리

카다피는 지중해 북아프리카의 중앙에 위치한 국가인 리비아의 최고통치자로 1969년부터 2011년 10월까지 42년간 장기집권을 한 독재자이다. 카다피의 장기집권으로 인해 리비아의 민심은 흉흉해졌고 국민들은 경제파탄에 빠졌다. 2011년 2월, 드디어 카다피에게 반기를 든 시민군이 집결하여 반정부 시위를 시작했고 여러 지역에서 정부군을 제압한 시민군은 벵가지 등의 도시를 장악한 후 나토의 지원을 받아 마침내 리비아의 수도인 트리폴리를 점령하기에 이르렀다.

당시 독재자 카다피는 연합군의 공격을 받게 되자 이에 강력히 투쟁할 것을 선언하면서 공중파 방송을 통해 자신의 입장을 항변하고 국민들을 선동하고 있었다. 우리 연구팀은 한 신문사의 요청에 따라 카다피의 목소리가 상황이 변해가는 시기별로 어떻게 달라졌는지를 알아보기 위해 카다피의 목소리를 정밀분석 해보았다. 목소리의 변화 분석을 위해서는 카다피의 연설이나 인터뷰 내용 중에서 2011년 2월

카다피의 목소리에서 흥분도와 강직성을 나타내는 기본 톤의 변화

일 자	2월 22일	3월 20일	7월 01일	8월 24일	9월 01일
기본톤	323	323	323	366	495
대역폭	66	88	86	172	324

카다피의 목소리에서 자신감을 나타내는 고음성분의 변화

일 자	2월 22일	3월 20일	7월 01일	8월 24일	9월 01일
고음폭	5.5	5.5	3.7	3.4	2.8

카다피의 목소리에서 피로도를 나타내는 저음화 현상

일 자	2월 22일	3월 20일	7월 01일	8월 24일	9월 01일
저음화	668	668	646	581	560

부터 9월까지 월별로 목소리를 채집한 후 분석시료로 사용하였다.

카다피의 평소 목소리는 입을 크게 벌려서 큰 소리로 발성을 하는데 특히 끊임없이 이어지는 지속력과 높은 톤의 선동적인 호소력이 있다는 점이 아주 특이하였다. 그러나 2011년 9월이 되자 연합군의 공세에 몰리면서 그의 목소리에서도 심경의 변화를 볼 수 있었다. 연구팀이 분석한 카다피의 목소리에 나타나는 몇 가지 특성을 통해 심경의 변화를 분석해 보았다.

① 카다피 목소리의 월별 저음특성

② 카다피 목소리의 월별 고음특성

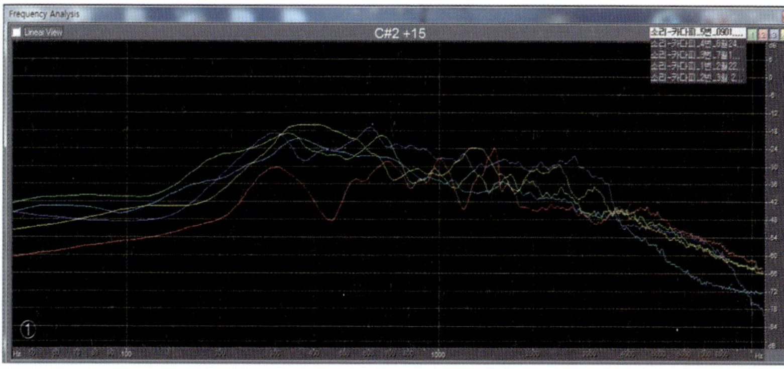

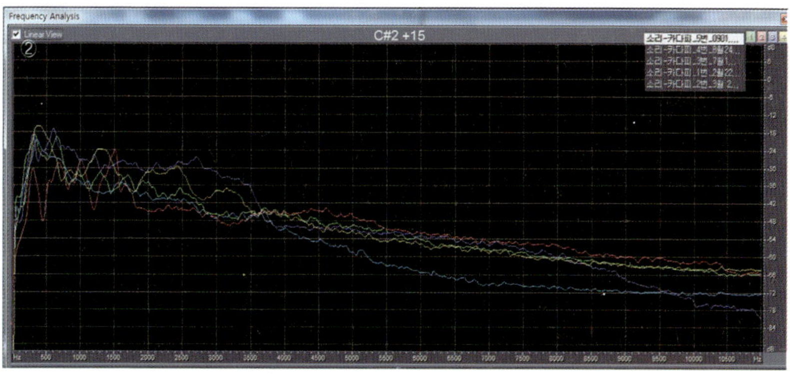

먼저 카다피 목소리에서 기본 톤의 평균 흥분도를 분석해보니, 시기 별로 큰 변화를 나타내고 있었다. 연합군의 공격이 개시된 2011년 2월부터 7월까지는 기본 톤이 거의 일정하였지만, 8월부터는 점차 동요하는 모습이 나타나기 시작하였고, 수도가 함락된 9월 초에는 목소리의 톤이 150% 이상 높아지면서 화가 치밀어 오른 것으로 나타났다.

두 번째로는 카다피의 목소리에서 강직성을 살펴보았는데, 월별로 구분해보니 점차 심리적 타협의 여지를 보이고 있었다. 목소리의 강직성이란 기본 톤의 변화율을 나타내는 음 대역폭에서 찾아볼 수 있다. 카다피의 목소리 강직성을 보면 2월에 비해 3월에는 약간의 심경 변화를 보이고 있고 8월부터는 두 배 이상 흔들리다가 9월부터는 거의 네 배가 되면서 크게 마음이 흔들리고 있는 것으로 분석되었다.

세 번째로 카다피의 목소리에서 자신감이 점차 사라지고 있는 것이 파악되었다. 목소리 스펙트럼에서 3천 헤르츠 이상의 고음성분이 많고 적음에 따라 상대방에게 얼마나 호소력 있게 들리는 목소리인가를 가늠하는 잣대로 활용된다. 2월과 3월에는 목소리의 자신감이 두드러지게 나타났으나, 7월부터는 기력이 2/3정도 점차 떨어지다가, 9월 달에는 호소력이 반이하로 크게 낮아졌다. 즉, 계속되는 공세와 하락판도에 카다피의 자신감은 점차 쇠락하고 있음을 목소리에서도 분명하게 알 수 있었다.

네 번째로 파악된 것은 목소리 피로도이다. 표3에서 볼 수 있듯이 스트레스가 누적되면 목소리에 저음화가 나타나서 결국 목소리 노화도가 증가하게 된다. 카다피의 목소리는 대부분 연설조인데 2월과 3월에는 젊은 목소리가 주로 나타났으나, 7월부터는 목소리 피로도가 누적되면서 8월에는 87%로 떨어졌고, 9월에는 85%로 목소리의 노화가 상당히 급속하게 진행되었다. 이 수치로 판단하면 몇 개월 사이에 목소리가 15년 이상 쇠약해졌다고 볼 수 있다.

요약하면, 리비아의 독재자 카다피는 2011년 2월부터 연합군의 공격을 받게 되면서 처음에는 절대로 물러설 것 같지 않았으나, 결국 9월부터는 도피생활을 하기 시작했다. 우리 연구팀은 2월부터 9월까지 연설이나 인터뷰에서 보여준 목소리를 분석하여 카디피의 심경변화가 언제부터 일어났는지 살펴봄으로써, 독재자가 처한 역사적 흐름을 가늠하는 계기를 마련해 보았다.

카다피의 목소리에서 볼 수 있는 심경의 변화를 다시 한 번 요약해보면, 강직성은 2011년 8월부터 허물어졌으며, 이후 흥분도는 날로 증가하였다. 또한 자신감도 7월부터 크게 떨어지다가 9월에는 절반 이하로 추락하였다. 특히 스트레스를 받았을 때 나타나는 목소리 노화도는 7월부터 노쇠하기 시작하여 9월에는 급격히 노화했음을 보여주었다. 결국 연합군과 시민군의 공격에 점차 자존심이 무너져 내리고 있었던 독재자는 시간이 가면서 심경의 변화를 크게 일으키고 있었음이 목소리를 통해 과학적으로 입증되었다. 그해 10월 카다피의 리비아 정부군이 트리폴리를 빼앗기자 카다피는 시르테에 고립되었으며, 결국 리비아 시민군에 의해 카다피는 사살되면서 42년 독재자는 비참한 최후를 맞이했다.

소리이야기 14

대통령의 목소리

대통령이라는 직책이 한 나라를 대표하는 것이어서 그런지 한 사람의 대통령에게서 우리가 받는 이미지나 혹은 목소리에 대한 정감도는 대통령 개인에 대한 추억뿐만 아니라 재직 당시의 생활환경이나 정치적인 분위기까지도 연상하게 만든다. 외국에는 대통령의 웃음이나 말들을 풍자적으로 다루는 서적이나 영상자료들이 많이 있는데, 그 자료를 보다보면 그 나라의 사회적인 분위기를 알게 되고 또한 당시 사람들이 가지고 있었던 대통령에 대한 이미지도 간접적으로 접할 수 있게 된다. 요즘 우리나라에서도 대통령의 특이한 발언이나 제스처에 대한 모성과 풍자가 많은 사람들에게 관심사로 대두되어있다. 이에 우리는 역대 대통령들의 이미지와 정감도를 여러 가지 측면에서 조사해 보았다.

① 역대 대통령 목소리의 성문그라프 비교
② 목소리의 성격을 나타내는 누적정감도

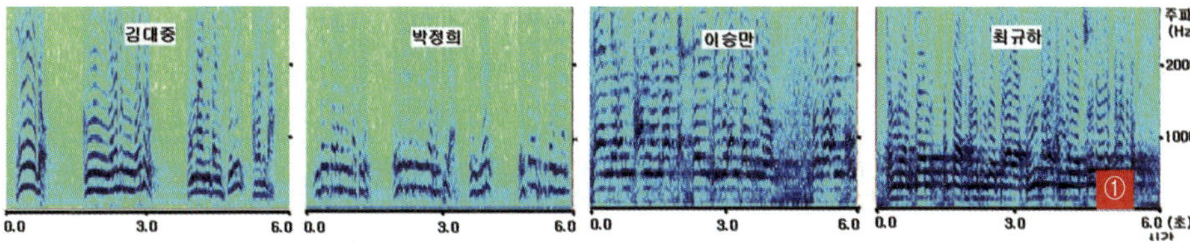

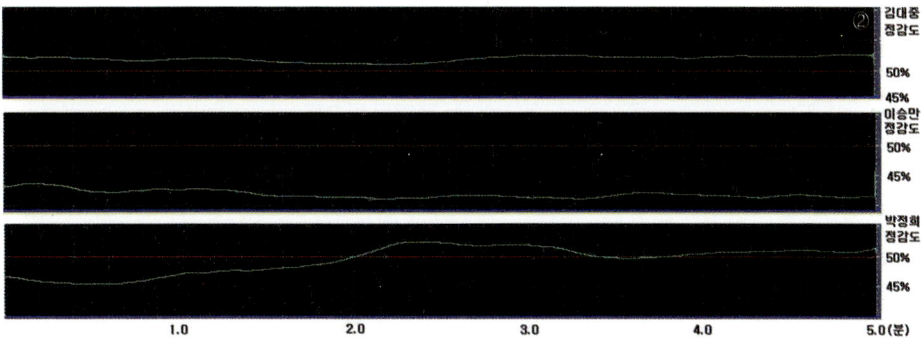

우선 대통령의 외모를 통한 외형적 인기도를 알아보기 위해 역대 대통령의 사진을 보여주면서 교직원과 대학생 1,000명에게 물어보았다. 설문문항은 사람들이 외모로 판단하는 내용을 크게 다섯 가지로 나누어 정감도, 달변력, 추진력, 이상형, 미남형 등에 대해 간단히 질문하고 대답하는 형식이었다.

이웃집 아저씨와 같은 자상함을 지닌 대통령으로 가장 인기가 높은 대통령은 김대중, 노무현, 박정희, 이승만 순이었고, 가장 존경하는 이상형 대통령으로는 박정희, 노무현, 김대중 순으로 이 응답은 추진력이 있는 카리스마형 대통령에 대한 응답 결과와 거의 비슷하게 얻어졌다. 사진을 보여주면서 역대 대통령에 대한 개인적인 선호도를 질문하고 이에 응답했기 때문인지 종합인기도를 분석해보니 자신들이 직접 경험해보았던 대통령들에 대한 점수가 상대적으로 높게 나타났다.

이번에는 외모와 함께 내면의 깊이까지도 느낄 수 있으리라 짐작되는 목소리에 대한 역대 대통령의 정감도를 분석해 보았다. 역대 대통령의 목소리는 MBC 라디오 이순곤 부장(프로그램 〈격동 50년〉의 PD)의 자료도움을 받았고, 분석은 숭실대 소리공학연구소에서 세계최초로 개발한 '목소리 다정도우미' 시스템을 사용하였다.

'목소리 다정도우미'란 목소리에 대한 음향분석을 통해 다정 정감도를 측정, 객관적으로 수치화하여 나타내는 소프트웨어 프로그램이다. 정감지수는 백분율로 표시하게 되는데 500여명이 발성한 동화구연 목소리 자료를 분석한 후 평균 정감도를 구했고 이를 기준으로 목소리 측정 수치를 백분율로 변환한 것이다.

대통령들의 목소리는 연설문에서 발췌한 10분 내외의 녹음자료를 사용했는데 연설문의 목소리는 평상시의 정감도에 비해 보통 10%정도 낮게 얻어지게 된다는 것을 먼저 고려해야한다. 분석결과, 목소리의 정감도가 높은 순서는 김대중, 박정희, 노무현, 김영삼 대통령 순이었고, 이승만, 최규하 대통령은 가장 낮게 나타났다. 김대중 대통령의 2002년도 연두기자회견 당시에는 건강상태가 좋지 않을 때여서 아주 병약해진 목소리로 발성한 탓에 평균 정감도가 36% 정도로 최악의 수치였으나, 2002년 이전의 목소리나 또는 건강을 회복한 이후의 목소리는 역대 대통령들 중에서 가장 높은 정감도를 나타냈다는 점이 특이하다.

외모에서 풍기는 역대 대통령의 인기도

설문내용	1번째	2번째	3번째
1. 이웃집 아저씨와 같은 다정한 대통령	노무현	김대중	이승만
2. 전형적인 정치 달변가형 대통령	노무현	박정희	김대중
3. 강력한 추진력의 카리스마 대통령	박정희	전두환	노무현
4. 가장 존경하는 이상형 대통령	박정희	노무현	김대중
5. 인물이 좋은 미남형 대통령	박정희	노태우	노무현
종합인기도	박정희	노무현	김대중

목소리에서 느끼는 역대 대통령의 인기도

순위 / 내용	1	2	3	4	5	6	7	8	9
1. 목소리의 평균 정감도(%)	김대중 (54.2%)	박정희 (52.7%)	노무현 (49.8%)	김영삼 (48.3%)	전두환 (44.7%)	윤보선 (40.1%)	노태우 (36.6%)	이승만 (34.6%)	최규하 (32.1%)
2. 목소리에서 느끼는 강직성	김대중	이승만	김영삼	전두환	최규하	노태우	노무현	박정희	윤보선
3. 목소리에 의한 메시지 정보 전달율	이승만	윤보선	김대중	박정희	김영삼	노태우	전두환	최규하	노무현

사실, 나이가 들면 일반적으로 목소리의 정감도가 낮아지고 강직성이 높아지게 된다. 그러나 김대중, 박정희, 노무현 대통령의 목소리는 수많은 대중 연설을 통해 쌓은 경력과 다양한 상황에 즉,각 대응하는 탁월한 언변술을 통해 듣는 사람의 귀를 즐겁게 해주는 다양한 음높이를 구사하고 있어 정감도가 높은 목소리로 판정되었다. 이에 비해 최규하, 이승만 대통령의 목소리는 말을 할 때 입을 원활하게 움직이지 않아서인지 음높이의 변화가 다채롭지 못하고, 생각하는 듯 머뭇거리는 발성으로 인해 목소리가 평탄하게 들리면서 정감도가 아주 낮게 얻어졌다.

김대중 대통령과 박정희 대통령의 목소리 성문 그래프를 보면 특징적으로 성문의 무늬가 n자형 곡선을 주로 이루는 걸 볼 수 있는데 이는 배려하는 목소리의 특징을 보여주는 모양으로 친절하게 말을 하고 있음을 보여준다. 반면 이승만과 최규하 대통령의 성문은 저음의 굵직한 목소리지만 일자형 무늬를 주로 나타내고 있어 친절함보다는 무게감이 높아지는 것을 볼 수 있다.

노무현 대통령의 대화 목소리 중 가장 관심을 끈 것은 평검사와의 대화 내용이었는데, 대화 시작에서는 49% 정도의 정감도를 보이던 것이 "이쯤하면 막 가자는 거지요?"라고 언급한 부분에 들어가면 정감도 수치가 56%로 약간 급상승하는 결과를 보이고 있어 당시의 흥분상태를 목소리가 잘 보여주고 있음을 알 수 있다.

목소리에서 발성자의 카리스마적인 추진력과 강직함을 읽으려면 연설하는 동안 정감도의 변화곡선이 어느 정도로 변화하는지 비율을 구하면 된다. 김대중, 이승만, 박정희 대통령의 경우, 각 5분 동안의 정감도 변화 곡선을 분석해본 결과 김대중, 이승만 대통령은 정감도의 변화가 거의 없이 일정한 반면, 박정희 대통령의 목소리는 시간에 따라 정감도에 큰 변화를 나타내고 있다. 결국 추진력과 강직함이라는 측면에서는 박정희 대통령의 목소리가 보다 특징적이라고 할 수 있다.

정감도 누적 변화곡선으로 대통령의 목소리를 평가하였을 때 목소리의 강직함이 높게 나타난 순서는 김대중, 이승만, 김영삼 대통령 등의 순서로 나타났다. 목소리의 강직함이 이분들에게서 높게 나타난 이유는 독재에 항거하여 민주화 운동에 전념하였거나 독립운동을 하면서 겪은 고난의 생활습관이 자신도 모르게 대중 연설을 통해 표출되고 있었던 것이 아닐까 추측해본다.

한편, 연설문의 내용에 따라 정감도의 변동지수가 상대적으로 높은 경우는 연설 시에 청중들의 집중력과 관심도를 높이는 기준이 된다. 이 기준을 대통령 목소리에 적용해보면 청중을 휘어잡는 응집력은 윤보선, 전두환, 노무현, 박정희 대통령 순으로 나타났다.

목소리에 숨겨져 있는 또 다른 특성은 연설 내용에 담겨있는 메시지, 즉, 의미 있는 정보를 얼마나 신속하게 효과적으로 전달하느냐에 있다. 이것을 발성 측면에서는 문장의 발성율이라고 하는데, 주어진 시간 안에 얼마나 빨리 메시지를 상대방에게 전달하는지를 알아보는 것으로 말하는 사람의 생활 습관이나 성격 등을 간접적으로 나타내기도 한다. 역대 대통령 중에서는 이승만, 윤보선, 김대중, 박정희 대통령 순으로 발성율이 높았다.

요약하면, 우리는 역대 대통령에 대한 정감도를 알아보기 위해 설문에 의한 외적 인기도와 목소리에 의한 내적인 정감도를 조사했다. 종합해 볼 때 외형적인 인기도는 박정희, 노무현, 김대중, 노태우, 이승만 대통령 등의 순서로 나타났고, 목소리에 의한 정감도는 김대중, 박정희, 노무현, 김영삼 대통령 등의 순으로 얻어졌다. 설문조사에서 최근에 통치한 대통령들이 상대적으로 높은 인기를 얻었던 것은 응답자들이 직, 간접으로 경험해 보았던 대통령들에게 비교적 높은 점수를 준 것으로 볼 수 있다. 또한 목소리에 따른 평균 정감도 결과는 외형적인 설문 결과와도 비슷하게 나타났는데 목소리 정감도와 강직성 측면에서 볼 때 김대중 대통령이 가장 높은 점수를 받았다.

소리이야기 15

고의로 소음을 만드는 여인

경기도 일산시 외곽에 있는 어느 마을에서는 한밤중 혹은 새벽에 소음이 빈번히 발생하는 곳이 있다고 해서 SBS 방송 〈궁금한 이야기 Y〉 취재팀과 함께 그 곳을 찾아갔다. 그곳은 주도로인 4차선 도로에서는 수 km 떨어져 있었고, 주변에서는 풀벌레 소리도 잘 들릴 만큼 아주 조용하고 한적한 마을이었다. 작은 산 능선을 끼고서 큼직한 몇 채의 집들이 붙어있었는데, 소음은 바로 북쪽 산기슭에 살고 있는 집에서 들린다고 사람들은 말했다. 소음이 들릴 때마다 주변 사람들이 스마트폰으로 녹화해 두었는데, 그 소리를 재생해보니 기계음처럼 들리는 소리가 강하게 지속되고 있었고, 크기를 측정해 보니 85dB이 넘는 아주 큰 굉음이었다.

주민들은 그 소리가 나면 고막이 울릴 정도인데다 너무 심하게 방해가 되고 다른 생각은 아무 것도 할 수 없어 무더운 날씨인데도 소리가 나는 쪽의 창문을 장롱이나 살림도구로 막아둔 채 힘들게 살고 있다고 하소연 하였다. 이 소음은 대체 어디서 나오는 소리인지 궁금해서 소리파형을 분석해 보았는데, 놀라운 결과가 얻어졌다. 이 소리는 아주 둔탁한 소리와 함께 동력이 공급되는 기계엔진에서 나오는 소리성분들로 이루어 졌으며, 짧게는 1분에서 길게는 15분간 지속되고 있었다.

소리가 끝나는 시점에서는 단숨에 차단되지 않고 /딸깍/하는 소리와 함께 크기가 점차 줄어들면서 멈추었다. 만일 그 소음이 모터에서 발생되는 것이라면 전원을 차단했을 때는 회전이 느려지고 음높이가 저음으로 점차 낮아지면서 중단되어야 한다. 그러나 이 경우에는 소리가 끝나기 전에 크기만 줄어들 뿐 음의 높이가 저음으로 내려가지는 않았다. 소리의 시간별 파형진폭을 자세히 분석해 보니 43초의 반복주기로 구성되어 있었다. 따라서 이 마을에 들려오는 소리는 누군가 특정한 소음을 발생시킨 후 43초간 녹음하여 반복적으로 재생을 한 것이며, 앰프를 사용하여 소음을 증폭한 후 주민들에게 고의적으로 틀어주고 있다고 판단되었다.

그러면 이 소리의 정체는 무엇일까? 녹음된 소리에는 여러 가지 소리성분들이 복합적으로 흘러나오고 있었으나 멀리서 들리는 소리성분에는 가정용 60 헤르츠 전기주파수의 6배음에 해당하는 360헤르츠가 주요성분으로 나오고 있었다. 그래서 이 소음은 가정용 전원을 통해 에너지를 전달받는 모터가 달린 장치에서 나온 소리라고 설명하니, 프로그램 담당 PD는 소리발생 원인을 찾아보자면서 집안이나 혹은 일상생활 주변에서 들을 수 있는 다양한 기계 소리들을 녹음해 왔다.

잔디 깎기, 제초기, 오토바이엔진, 자동차엔진 등의 경우 /부르릉/하면서 소리는 컸지만 가정용 전기를 사용하지 않아 60 헤르츠의 배음이 나타나지 않았고, 소리의 스펙트럼이 전혀 다른 양상이었다. 소음이 나는 집을 들어가 본 적이 있었다는 동네 인부의 말로는 진공청소기만 유일하게 보였다고 하였다. 그래서 이번에는 집안에서 사용하는 생활용품들 중에서 모터가 달려있는 기계의 소음을 측정해 비교해 보았다. 믹서기, 세탁기, 전자레인지, 진공청소기, 헤어드라이기 등의 소리성분을 분석해 보았더니 모든 가전제품에서 60 헤르츠의 배음이 나오고 있었고, 그 중에서도 믹서기에 커피원두 콩을 갈고 있을 때의 소리가 녹음된 소리와 소리성분이 가장 유사하였다. 따라서 문제가 되는 소리는 믹서기에 껍질이 단단한 재료를 넣어 43초간 돌리는 동안 발생하는 소리를 녹음하여 소음원으로 반복사용하고 있었던 것으로 판단되었다.

우리는 이러한 소리분석 결과를 가지고 소음을 내는 집을 방문하였으나 집주인은 문을 열어주지 않았고, 인터폰을 통해 응답하기를 문제가 되는 소음이 여기서 나온다는 증거가 어디 있느냐고 항변하였다. 집을 방문한 후로도 소음공해가 고의적으로 이어지자 우리는 소음이 나는 주택 주변의 가옥들 중 옥상 몇 군데에 촬영카메라를 4대 설치하여 문제의 소음이 나오기를 기다렸다. 드디어 새벽에 7분

① 경기도 일산 외곽의 조용한 마을에서 언제부터인가 이상한 소음이 들렸다.
② 소음의 크기는 85dB로 굉음 수준이었다.
③ 소음 성분을 분석해보니 믹서기에서 단단한 콩을 갈 때 들리는 소리였다.
④ 소음의 발생위치는 소음분석 4곳 모두 문제의 집을 가리켰다.

①

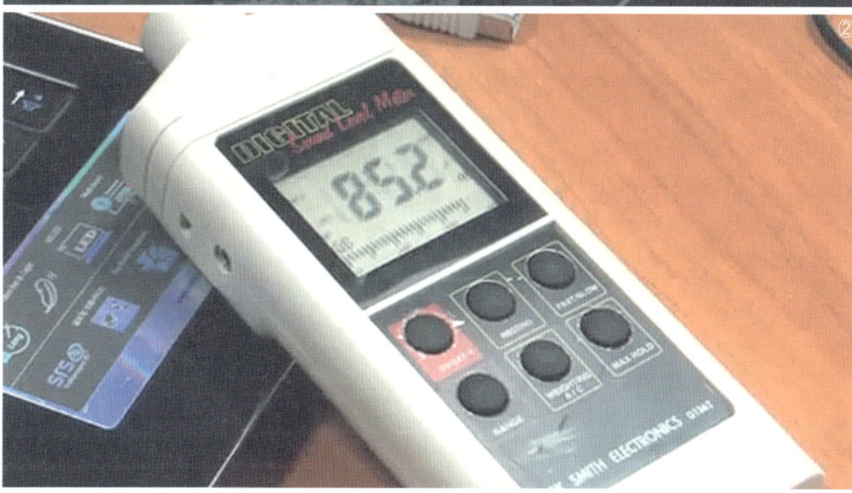
②
DIGITAL

③

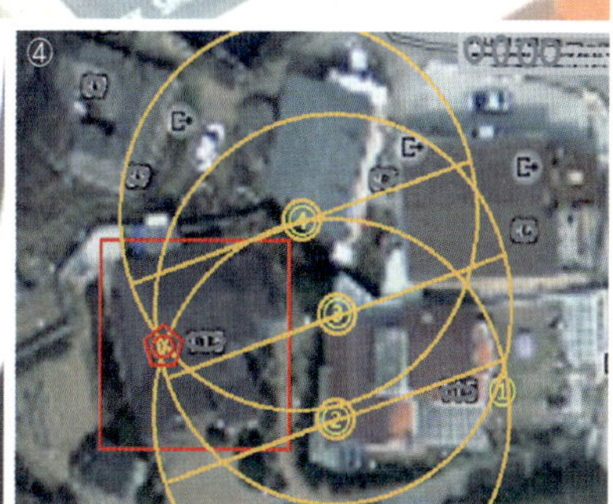
④

정도의 소음이 들렸고 이때 촬영된 영상을 기준으로 보다 정확한 소음원 발생위치 분석을 해 보았다.

소음의 위치를 파악하려면 우선 동일한 레벨로 소리를 채집하는 마이크를 3곳 이상 설치해 놓으면 되는데, 소리크기별로 거리반경을 구하여 각각의 위치에서 원을 그리면 세 개의 원이 만나는 곳이 바로 소음원의 위치가 된다. 기준 음을 설정하기 위해 각 카메라로 촬영할 때 동일한 크기의 /삐익~/하는 비프 음과 박수를 친 후 소리채집을 시작하였다. 촬영본 동영상에서 오디오를 뺀 다음에 소음이 들어있는 위치를 찾아서 기준 음으로 소리크기에 대해 보상을 수행하였고, 카메라 위치별로 수음된 각각의 소리크기별로 구글을 통해 검색한 지도상에 원으로 나타내었다. 그랬더니 4개의 원이 만나는 점이 나왔는데 그 점은 바로 주민들이 소음이 난다고 지적했었던 북쪽 집의 거실을 정확히 가리키고 있었다.

소음의 위치와 크기가 범죄행위임을 주지시키기 위해 취재진이 문제의 집을 찾아가서 여러 차례 노크를 해보았으나 인기척이 없었다. 수소문 끝에 부모님을 찾아가서 인터뷰를 하게 되었고 결국 소음을 유발하고 있는 내막을 알게 되었다. 부모님의 설명에 의하면 딸은 그 집에서 2년여 전세로 살고 있는데, 6개월 전부터 마을 주변에서 라디오청취나, 모임 등의 소음으로 자신을 너무 괴롭혀서 앙갚음을 하는 중이라는 것이다. 더 놀라운 일은 그 여인이 이곳으로 오기 전에 살았던 아파트에서도 위아래 층의 주민들에게 비슷한 종류의 소음을 내다가 쫓겨난 적이 있었다고 하였다. 이에 대해 정신심리학과 전문의는 대중에 대한 피해의식으로 인해 소음을 유발하는 행위로

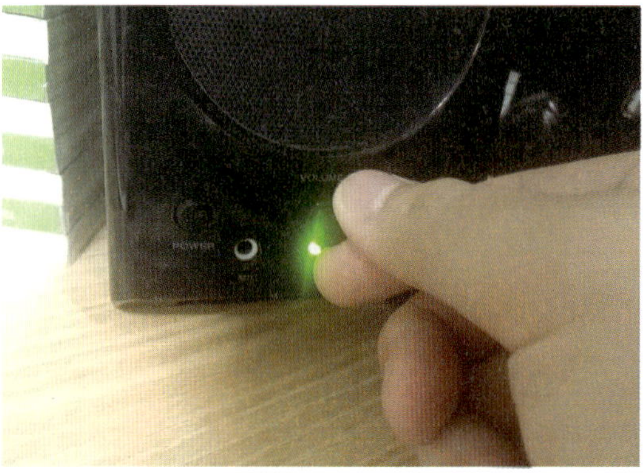

인근 주민을 상대로 의도적으로 소음을 발생시킨다면 이는 중범죄 행위에 속한다.

일종의 정신병적인 범죄행위라고 결론을 내렸다.

요약하면, 경기도 일산의 조용한 마을에서 시도 때도 없이 들려왔었던 굉음은 마을의 한 집에 세 들어 살던 여인이 피해망상에 사로잡혀서 벌인 일종의 범죄행위였다. 그녀는 소리공학을 잘 모르고 범행을 저지른 것으로 보이는데, 소리공학기술을 이용하면 소음의 위치, 크기, 유형 등을 과학적으로 규명하여 증거로 사용할 수 있다. 주민들의 양보로 고소고발은 면했지만 소리공학기술이 그녀의 범죄행위를 입증해줄 수 있다는 사실을 인식하여 다시는 의도적인 소음을 내어 다른 사람을 괴롭히는 일이 없어야할 것이다. 듣는 사람이 있는 위치에서 소리의 크기가 야간 45dB, 주간 55dB을 넘어서면 소음으로 판정되며 지속시간 또한 5분 이상이 되면 소음이 된다는 점을 분명히 경고해준 일화였다.

자꾸만 올라가려는 강아지

광주광역시에 소재한 한 아파트에 강아지가 살고 있었는데 비행기 소리가 나면 옥상을 향해 종횡무진 달려 나가는 이상한 버릇이 있다고 하여 우리는 현장으로 달려갔다. 아파트 옥상에서 마침 지나가는 비행기 소음크기를 측정해보니 dBA로 55~60dB였는데, 이 수준이라면 멀리서 들리는 비행기 소음정도로 측정되었다. 다만 송정리 전투비행장이 아파트에서 직선거리로 수십 km 이내에 있어 이착륙횟수가 문제였다.

비행기가 이착륙할 때는 속도를 증가시키거나 또는 감속하게 되는데 이에 따른 비행기의 변속 음이 아주 자극적으로 들리고 있었다. 게다가 아파트 방향으로 활주로가 이어져서 비행기가 착륙할 때는 아파트 부근에서 감속을 하고, 비행장에서 이륙하여 출발할 때는 아파트 부근에서 크게 증가시키고 있었다. 이때는 비행기의 고도가 눈으로 관찰될 수 있을 정도로 낮게 떠서 지나가는데 그러다보니 비행기소음은 땅을 울려서 하늘을 가르는 듯한 굉음으로 들리게 되고, 비행장 근방에 사는 사람들이나 동물들에게 큰 피해를 입히게 된다.

특히 이착륙이 빈번한 비행장 근방에서 유발되는 소음은 일반적인 데시벨[dB] 보다는 웨클[WECPNL] 단위를 사용한다. 웨클은 데시벨 크기 값에 이착륙횟수를 반영하여 환산한 값이며, 일반 데시벨 값보다는 보통 10~15dB 높게 나타난다. 따라서 비행기의 이착륙 횟수가 빈번할수록 주민들의 소음공해가 클 것이므로 이 경우에는 소음레벨이 보정된 웨클을 사용하는 것이 당연하다.

강아지가 놀라서 옥상으로 올라갔을 때의 소음을 dBC로 다시 측정해 보니 70dB 이상 얻어졌고, 웨클로 환산했을 때는 83 이상이 얻어졌다. 즉, 아주 큰 소음이 천지를 가르는 듯한 굉음을 내면서 십여 초 동안 지속되고 있었으니 청각이 민감한 강아지가 놀라서 옥상으로 피신하는 것이 당연한 반응으로 보였다.

최근에는 SBS 방송 동물농장 팀에서 비만 오면 올라가려고 발버둥 치는 두 강아지가 있는데, 수의사 쪽에서 자문해 주는 말이 한 강아지는 비 맞는 것을 즐기는 것 같고, 다른 쪽은 싫어하는 모습이 나타난다고 하였다. 비가 오면 싫어하는 표정을 짓는 강아지는 파주의 한 공장 마당에서 살고 있는데, 이 강아지는 비만 오면 집에서 나와서 개집 위로 올라가 있다고 하면서 그 모습이 제보자의 스마트폰으로 전달되어 왔었다.

우리는 이 강아지를 만나보기로 했다. 소음측정기를 가지고 자유로를 지나서 파주로 직행해보니, 순하게 생긴 개가 컨테이너가 쌓여 있는 공장 마당에 묶여져 있었고 그 앞에 1미터 높이의 개집이 수제로 만들어져 있었다. 손가락으로 가볍게 치면서 개집안의 소음을 측정해 보았더니 65dB 이상 울림이 나타났다. 다음에는 비가 오락가락하고 있는 터라 물뿌리개로 물을 뿌리면서 개집안의 소음을 측정해 보았더니 무려 70dB 이상의 우두둑하는 소리가 들리고 있었다.

요즘처럼 장맛비가 오게 되면 그 개집에는 천둥이 치듯 소음이 지속적으로 유발되었을 것이고 이에 순한 강아지는 지축을 흔드는 듯한 큰 소리에 불안함이 느껴져서 개집에 있을 수가 없었던 것으로 보인다. 개집은 튼튼하게 지었으나 그야말로 옛날 전축 스피커처럼 통울림이 너무 좋아서 조그마한 소리를 크게 울려서 증폭시키는 스피커 통으로 더 적합한 구조물이었기 때문이었다. 그래서 방송제작팀에게 개집의 지붕을 스펀지로 올리고 그 위에 고무판으로 예쁘게 마감해 줄 것을 주문하고서 우리는 철수 하였다. 수일이 지난 후 제보자가 카메라로 다시 찍어서 보내준 사진에는 비가 오고 있는데도 강아지가 지붕 위로 올라가지 않고 자신의 집에 잘 들어가 있는 장면이었다.

소음 때문에 자기 집에서 못살겠다며 뛰쳐나오는 사례들은 지진이 시작되기 전의 전조현상으로 많이 나타난다. 지진에 앞서 여진이 발생하면 땅속에서 충격성 폭음이 들리거나 진동이 유발되는데, 땅속에서 동면중인 두꺼비나 뱀도 뛰쳐나오는 경우가 대부분이다. 해변에서는 쓰나미가 와도 지축을 흔드는 초저주파 음이 발생하는데, 새나 동

① 비행기 소리에 놀라 자꾸만 옥상으로 올라가려는 강아지
② 전투기의 이착륙은 천지를 가르는 굉음을 유발한다.
③ 비만 오면 개집 지붕 위로 올라가는 강아지
④ 지붕 위에 차음과 흡음재를 부착해 소음을 줄였다.

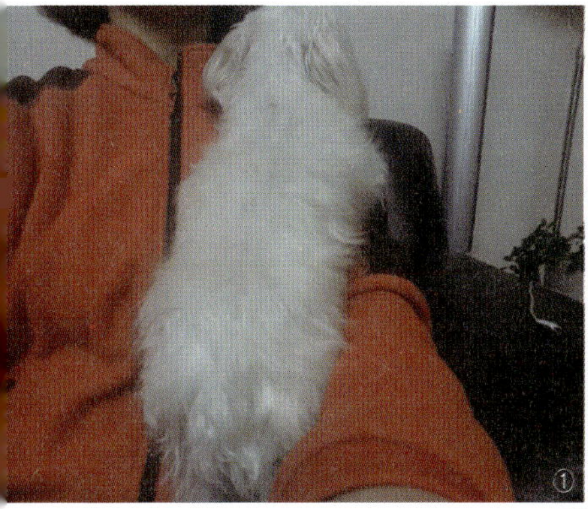

①

②

③

④

물들이 이상한 행동을 보이는 경우가 바로 쓰나미나 지진에 의한 것으로 사람은 듣지 못하는 시끄러운 소음이 그 원인이라고 한다.

안락한 집에서 살고 있는데 주변소음으로 인해 도저히 살지 못하겠다고 하는 사례는 동물뿐만 아니라 사람들에게서도 빈번이 발생하고 있다. 우리는 제 3자 입장에서 소음을 측정하고 그 기준에 따라서 자문해 주는 것으로 끝나겠지만, 거기서 살고 있는 당사자에게는 그 소음분쟁이 여간 심각하지 않을 수 없다. 층간소음이던 공사장 소음이던 소음이 발생하면 그 소음이 분명 법적인 기준 이내라고 하여도 피해자는 그 소음에 신경 쓰여서 도저히 못살겠다고 하소연한다.

이는 소리와 관련되어 나타나는 칵테일파티효과라고 하는 음향심리현상 때문이다. 여러 사람들이 웅성웅성 거리면서 소음을 내고 있어도 마주하고 있는 사람의 이야기만 집중할 수 있는 것은 인간의 청감지각능력이 아주 탁월하기 때문인데, 파티 장소에서 여러 소리가 들려도 자신이 집중하는 소리만 잘 들을 수가 있다는 것이 바로 칵테일파티효과이다. 이것은 환경소음에도 그대로 적용되는데, 한번 그 소음에 신경을 쓰게 되면, TV나 다른 소리가 크게 들리고 있어도 그 소음과 비슷한 소리가 들리면 더 민감하게 반응하게 된다는 의미이다. 이때는 그 소음에 대해 관심을 보이지 않도록 하고 관심을 분산시켜서 잊으려고 하는 노력과 훈련이 필요하다.

요약하면, 사람이나 동물은 오감을 풍요롭게 하면서 생활하기를 좋아하는데, 소리에 의한 청감잡음인 소음이 들리게 되면 불쾌감과 스트레스로 인해 심신에 큰 피해를 입게 된다. 따라서 생활 소음이 발생하면 그 근원을 가려서 소음 원을 제거하거나 차음시킬 필요가 있고, 이러한 소음의 피해는 음향심리적으로 오래 잔존할 수가 있으므로 소음으로부터 관심을 분산시키려는 노력이 필요하다.

주변이 아무리 시끄러워도 관심 있는 소리에만 집중하게 되는 현상을 칵테일 파티효과라고 한다.

소리이야기 17

자연의 소리로 층간소음을 막아보자

우리는 오감을 가지고 있고 이 오감으로 주변 환경에서 만날 수 있는 다양한 상황들을 풍요롭게 느끼며 살아갈 수 있으니 그야말로 생명체 중에서 가장 큰 축복을 받았다고 할 수 있다. 특히 그 중에서도 소리는 항상 우리 곁에 존재한다. 소리는 우리에게 즐거움이나 기쁨으로 나타나기도 하지만 때로는 괴로움이나 고통으로 전해질 수 있다. 우리 주변에서 쉽게 찾을 수 있는 소리 고통 중 하나는 바로 층간소음이다. 층간소음은 위층의 소음이 아래층의 천장을 진동판처럼 울리면서 발생하고 특히 불시에 들리게 되므로 아무런 방비책 없이 그 소리를 들어야만 하는 사람들에게는 큰 고통을 안겨주게 된다. 반면, 위층에서는 아무리 조심하려고 해도 고층건물의 특성상 발생되는 크고 작은 소음들이 철근이나 콘크리트 구조물을 타고 상하좌우의 주택에 바로 전달될 수밖에 없어서, 층간소음은 항상 발생할 수밖에 없다.

앞에서도 언급했듯이, 층간소음은 불규칙하게 발생하는 충격음이다. 따라서 이 소리를 듣는 사람은 미리 준비하거나 대응하지 못한 채 충격음을 그대로 들을 수밖에 없는 피해자의 처지에 놓이게 된다. 그래서 더 불쾌하고 짜증이 유발된다. 또한 층간소음의 음높이를 보면 50 헤르츠 이하의 저주파 소음이 대부분인데 이는 비교적 넓은 층간 바닥이 소리진동판으로 작용하여 저주파를 유발하기 때문이다. 이러한 저주파 음은 천정에서 발생하여 아래층의 거실이나 안방을 울리게 되고 아래층에 거주하는 사람의 신체나 두뇌를 자극하여 피곤을 유발하게 된다. 층간소음에서 함께 발생할 수 있는 고주파 소음은 창문을 닫아도 화장실의 배기구나 베란다의 배수 파이프를 통해 위 아래층에 전달될 수가 있는데, 뚜렷한 의미가 없이 그냥 수근 거리는 것처럼 들리는 소리라서 사람의 청신경에 아주 자극을 주게 되는 소음이다.

이처럼 스트레스를 유발하는 층간소음의 소리특성 때문에 층간소음은 사회적으로 큰 문제를 일으키고 있다. 임신한 여인이 층간소음에 시달려서 유산되었다는 사례도 있고, 층간소음을 견디다 못한 사람이 이웃과 층간소음문제로 다툼을 벌이다 방화사건을 일으켜서 집이 전소된 사례도 있으며, 층간소음을 항의하러 온 아래층 사람에게 화가 나자 폭력을 휘둘러 중상을 입힌 사례도 있었다. 심지어 경기도 부천에서는 아버지를 대신해서 자식이 위층에 사는 사람에게 보복살

① 층간소음은 천장이 진동판처럼 울려서 발생한다.

② 층간소음은 콘크리트나 철근을 통해서 상하좌우로 전달된다.

③ 층간소음의 피해자는 큰 스트레스를 받는다.

④ 층간소음은 백색소음 유형인 자연의 소리로 중화시킬 수 있다.

①

②

③

④

인을 저지르는 엄청난 사건도 실제로 발생하였다.

층간소음에 시달리는 피해자는 상황이 심각해지면 관리사무소나 구청에 신고하여 소음원인을 찾아보거나 층간소음의 크기를 측정해 보지만, 신고를 해도 피해 보상을 받거나 신고 후 소음이 실제로 경감되는 경우는 거의 없다고 한다. 오히려 이웃 간에 억한 감정만 유발하게 되어 더 큰 피해를 당하는 경우도 발생하여, 결국 피해자는 층간소음을 피해 다른 곳으로 이사를 가는 경우가 다반사로 발생하고 있다.

사실 환경부 산하 층간소음분쟁조정위원회에서는 층간소음의 기준을 엄격하게 규정해 놓았다. 이전 소음규정에 의하면 건축물축조 시에 층간소음은 경량충격음에 대해 58dB 이내로, 그리고 중량충격음에 대해서는 50dB이하여야한다고 명시되어 있었다. 2014년 더욱 강화된 층간소음 규정에는 공기전달소음과 충격소음으로 구분하여 기준을 정하고 있는데 공기전달소음은 5분 등가소음도가 주간 45dB, 야간 40dB를 넘지 말아야 하며, 직접 충격소음의 경우 1분 등가소음도가 주간 43dB, 야간 38dB를 넘지 않도록 했다. 다만 연립주택이나 다세대주택처럼 세대간 경계벽의 기준이 아파트보다 낮은 경우 앞에서 언급한 수치에 5dB를 더한 수치를 기준으로 삼는다고 명시되어있다.

여기서 층간소음의 크기를 평균 45dB로 명시한 것은 인간이 50dB 이상의 소음환경에서 장시간 노출되면 수면을 취하는데 2배 이상의 시간이 소요된다는 일반거주자 수면보호권의 통계기준에 따른 것이다. 그러나 이러한 기준은 통상 들리는 소음에 대한 것이고, 저주파 소음을 많이 포함하고 있는 층간소음에는 부적합한 수치라고 볼 수 있다. 층간소음을 측정하는 단위는 인간의 귀에 맞춰진 소리크기로 dBA의 단위를 쓰고 있는데, 이 단위로 측정된 소음 값은 50헤르츠 이하의 저주파 소음을 제대로 측정하지 못한다. 저주파 소음은 dBC라는 단위를 사용해야 하는데 그 이유는 저주파 소음이 인간의 귀가 아닌 두뇌나 신체의 피부를 통해 피해를 주기 때문이다. 만약 dBA 단위로 측정된 층간소음이 50dB이라고 한다면, dBC 단위로 측정할 경우 +15~+20dB의 더 큰 값이 얻어지게 된다. 즉, 같은 값의 소음이라도 층간소음은 인간의 신체에 더 큰 피해를 주는 소음이 된다.

층간소음의 피해를 직접 당해보지 않은 사람들은 이웃 간에 잘 이해하고 참으면 될 것이지 왜 저런 보복성 중범죄까지 저지르는 것일까 하고 의아해 한다. 층간소음의 분쟁은 위 아래층에 사는 사람들 사이 소통의 부재에서 비롯되며 공동주거생활에서 서로의 에티켓을 지키면 잘 해결될 것이라고 생각한다. 그러나 실제로 소음피해를 겪는 경우를 보면 상황이 그리 단순하지 않다. 층간소음 피해자는 참을 수 없는 스트레스를 받다보면 보복하겠다는 심리를 갖게 되고, 위층에 올라가서 현관문을 물리적으로 가격하거나 주변의 물체에 대한 파손행위를 스스럼없이 하게 된다. 또한 천장에 대고 스피커를 사용해 큰 소리를 내기도 하고, 꼬챙이로 천정을 두들겨서 위층 사람들에게 내가 당하는 고통을 알려주겠다는 시도를 하기도 한다.

층간소음 문제를 해결하기 위해서는 먼저 이러한 사회문제가 유발되지 않도록 공동주택 건축자들이 층간소음이 최소화할 수 있는 양질의 건축 재료를 사용하고 구조물 설치규격을 엄격히 준수해야 한다. 일단 건축된 후의 건물에서 그래도 층간소음이 유발된다면, 아래층에 피해를 주지 않도록 노력해야 한다. 바닥을 울리는 소음 원을 차단하기 위해서는 책상, 의자, 탁자, 세탁기, 냉장고 등 중량소음이 발생하는 물건들은 소음을 흡수할 수 있도록 바닥에 두꺼운 받침을 깔아주고, 애들이 뛰는 경우 바닥이 흔들리지 않도록 소음흡수 깔판을 반드시 설치해야 한다.

아래층에서는 층간소음이 들리게 되면, 그 피해양상에 대해 위층에 알리되 밝은 미소로 이해를 구해야 한다. 그래도 층간소음이 난다면, 백색소음 소리중화법(sound masking)을 사용해보자. 백색소음 소리중화법은 실내에 소음을 틀어두어서 그 소리로 층간소음을 중화시키는 방법이다. 백색소음은 여러 가지 소리가 혼재되어 나타나는 소음이라서 소리는 들리되 의미가 없는 소리이므로 이 소음을 들으면 적막감을 해소시켜준다. 또한 백색소음은 우리주변에서 흔히 들을 수 있는 빗소리, 바람소리, 폭포소리, 시냇물소리 등과 같은 자연의 소리이기도 하므로 평상시에 들었던 안정감 있는 소리라서 소리가 나도 그 소리에 관심을 쓰지 않게 되는 특징이 있다.

백색소음 중화법을 효과적으로 사용하려면 주의할 사항이 있다. 백색소음을 휴대폰이나 소형 스피커로 틀어 놓으면 저음이 나오지 않으므로 저음으로 이루어진 층간소음과 저음이 없는 백색소음이 함께 들리게 되면 효과를 볼 수 없다. 따라서 백색소음은 직경 10cm 이상의 우퍼스피커가 달린 오디오 시스템으로 틀어놓는 것이 좋다. 실제로 소리공학연구소에서 실험을 해보았더니 백색소음의 레벨을 50dB 정도로 틀어두었을 때, 그 레벨보다 +10dB의 층간소음이 발생해도 별로 신경이 쓰이지 않고 소음을 무시하면서 생활할 수 있는 수준이라고 실험참가자들이 품평하였다. 백색소음을 따로 구할 수 없다면 도시를 떠나 깊은 숲 속에서 들리는 자연의 소리라면 어떤 소리이든 틀어놓아도 같은 효과를 낸다. 취향에 따라 좋아하는 자연의 소리를 사용하면 되는데 자연의 소리는 대부분 백색소음 유형이므로 소음중화에 마찬가지로 효과적인 것으로 알려져 있다.

주택구조가 고층 및 경량화 되는 오늘날의 주거생활에서는 크고 작은 층간소음의 피해를 당할 수밖에 없는 상황이다. 층간소음 문제를 해결하려면 주택건축업자들은 층간소음 유발이 최소화되도록 엄격한 설치규정을 준수해야하고, 거주민은 서로를 배려하여 층간소음이 유발되지 않도록 노력해야 할 것이다. 그래도 층간소음이 들려온다면 그 피해양상을 충분히 인식하고, 더 큰 피해를 입거나 심각한 사태가 일어나지 않도록 백색소음 유형인 자연의 소리를 틀어놓아 층간소음을 중화시키는 방법을 실생활에 잘 적용해 보기로 하자.

소리이야기 18

기내에서 나오는 소리

비행기를 타면 기내에서 바람 부는 소리가 크게 들린다. 국제선 비행기 내에서는 더 심한 바람소리가 들려오는데, 그 소리는 바로 백색소음이다. 우주선에 탑승하여 우주 관광도 할 수 있는 시대에 기술력을 발휘하여 백색소음에 승객들이 노출되지 않도록 소음을 차단 또는 제거해 주면 좋으련만, 어떤 유형의 비행기를 타더라도 백색소음이 심하게 들리는 것은 마찬가지다. 비행기 안에서 음압을 측정해 보니 무려 80dB 이상이었는데 이처럼 큰 소음은 승객들의 귀를 완전히 잡아버린다.

그런데 알고 보면 이 소음은 비행기 승객들에게 반드시

① 국제선 비행기 안에서는 다양한 소음이 발생한다.
② 백색잡음을 통해 기내의 소음을 중화시키고 있다.
③ 기류변화에 따른 동체 흔들림으로 인해 초저주파 소음이 발생한다.

①

②

③

들려줘야만 하는 좋은 소리, 이로운 소리이다. 사람이 들을 수 있는 모든 음높이의 성분들을 다 가지고 있어서 주변에서 들릴지도 모르는 다른 환경 소음을 모두 가려줄 수 있는 소리이다. 비행기를 탔을 때 어떤 소음을 들을 수 있는지 살펴보면, 먼저 비행기가 이착륙할 때 기류의 변화로 인해 /끼룩 끼룩/거리는 소리가 날 수 있다. 그리고 바퀴나 날개를 펼칠 때도 기계적인 소음이 심하게 날 수가 있으며 기상악화가 있는 경우에도 여러 가지 소음이 있을 수 있다. 지상이 아닌 상공에서 이런 소음을 듣게 된다면 승객들이 아주 불안해할 수도 있다.

그 외에도 기내에서는 별별 소음이 다 들린다. 옆 사람과 큰 소리로 말할 때 나는 소리, 음악이나 영상을 보고 있을 때 이어폰 사이로 새어나오는 소리, 안전벨트를 탈/부착할 때 쇠 부딪히는 소리, 식사할 때 수저나 나이프 부딪히는 소리 등이 들릴 수가 있다. 특히 오랜 시간 동안 비행기 안에 머물러 있어야 하는 국제선비행기 승객들은 잠시나마 수면을 취해야 하는데, 의자를 움직여서 스치는 소리가 나거나 또는 옆자리 승객이 코를 골면서 숨을 몰아쉬기라도 한다면, 이 소리들은 모두 방해가 되는 칼라소음들이다. 이런 소음의 음높이는 제각각이라서 이보다 더 큰 소리의 백색소음으로 중화시켜주어야 한다. 즉, 기내에서 들리는 바람소리는 백색소음으로 우리에게 나쁜 소음이 아니라 오히려 나쁜 소음이 들리지 않도록 도움을 주는 소리라고 볼 수 있다.

한편 비행기가 이륙하거나 착륙할 순간에는 기압 차이 때문에 귀가 멍멍해 질 수가 있다. 특히 목이나 입안에 염증이 있는 감기환자들은 비행기 이착륙 때에 진통제를 먹지 않으면 그 고통을 이겨낼 수 가 없을 정도로 통증이 심하다. 이런 증세는 바로 조물주께서 인간을 만드실 때, 특히 귀를 만드실 때 귀고막이 외부 압력에 의해 파열되는 일이 없도록 귀 고막의 안과 밖을 공기에 노출되도록 만들었기 때문이다. 즉, 우리의 신체구조는 입안의 '내이'라는 소리 길을 통해 귀 고막에 공기를 전달해 주는데, 비행기의 급속한 하강과 상승으로 인해 입안과 입 밖의 기압차이가 발생하거나, 입안의 내이가 부어서 그 소리길이 막히게 되면 고막에 큰 압력차이가 생겨서 귀에 통증이 발생하는 것이다.

이처럼 비행기 이착륙 때의 급속한 기압 차이를 느끼게 되는 경우를 제외하고는 기내에서 들리는 바람소리는 유아 탑승객에게도 유용하다. 유아들은 항상 자신에게 관심을 가져주기를 바라면서 보호자에게 의지하려는 경향이 있는데, 기내에서 들리는 백색소음은 귀로 들을 수 있는 모든 음높이의 소리성분을 포함하고 있으므로, 유아들에게도 마치 자기를 보호해주는 사람들이 자신을 에워싸고 있는 듯, 소리를 통한 심리안정 효과를 느낄 수 있게 된다. 혹 울음을 그치지 않는 영아들이 있어 함께 탄 승객들이 힘들어 하는 경우가 있긴 하지만 대부분의 유아들은 백색소음 덕분에 운항중인 비행기 안에서도 잘 놀면서 지낸다.

비행기를 타고 있으면 몇 번씩은 꼭 만나는 것이 기류의 기압차에 따라 동체가 흔들리는 데서 오는 롤링소리이다. 보통 1초에 0.1~3번 정도로 흔들리는데 이 롤링을 사람의 귀로 느끼려면 1초에 20번 이상 흔들려야 하지만 사실 비행기의 동체가 무거우므로 그렇게 빨리 흔들리지 않는다. 대신 사람의 신체나 촉감을 통해 동체의 흔들림에서 나오는 저주파 소리를 느끼게 된다. 동체의 저주파가 발생하면 승객들은 물체의 흔들림뿐만 아니라 기분도 아주 불쾌해지고 불안감을 느끼게 되는데, 그 이유는 바로 예기치 않게 진동이 오기 때문이다.

운항 시에 기류의 불규칙함을 사전에 감지하게 되면서 비행기 조종사는 객실에 안전띠 경고등을 켜 주어 동체의 흔들림으로 인한 진동을 사전에 대비할 것을 경고하고 있긴 하지만 그래도 불규칙한 동체의 흔들림을 당하게 되면 승객과 승무원들은 아주 불안하고 불쾌해진다. 저주파의 갑작스러운 신체 급습은 마치 우리가 길을 가다가 예기치 않게 누군가 뒤에서 확 미는 것과 같은 불쾌감과 불안감을 느끼게 되기 때문이다. 게다가 불쾌감뿐만 아니라 불안감까지도 느끼게 되는 이유는 비행기 동체가 순간적으로 위 아래로 움직일 때 사람들은 대부분 좌석에 앉아서 안전띠에 의존하여 신체를 공중에 붕 띄워놓고 있는 것이나 마찬가지여서 동체의 진동을 그대로 당할 수밖에 없기 때문이다. 이로 인해 신체의 자세가 순간적으로 기준점이 흐트러지면서 불안정해지고 불안감이 고조되는 것이다.

그럴 때 불안감을 해소하는 한 가지 방법이 있다. 운항중인 항공기의 기류변화가 예측되어 안전벨트 착용 사인이 켜지게 되면, 빨리 좌석에 앉아서 안전띠를 맨 다음에 자신의 발바닥을 객실 바닥에 완전히 밀착하면서 신체의 무게중심을 발바닥에 주고 있게 되면, 순간적인 롤링이 와도 불쾌하거나 불안감을 거의 느낄 수 없게 된다. 이러한 대처방법은 동체의 흔들림이 더 빠르고 더 자주 나타나는 10인승 이하의 경비행기를 탑승한 경우에 더 효과적이다. 즉, 경비행기

기내에서 발바닥을 이용해 무게중심을 잡으면 불안정을 해소할 수 있다.

의 경우 동체의 진동이 더 심하므로 탑승자는 아주 불안하고 불쾌할 수가 있는데, 승객들은 발바닥을 비행기 바닥에 밀착시킴으로써 동체의 진동에 쉽게 적응할 수 있으므로 효과적으로 사용해 볼 수 있는 방법이다.

요약하면, 전 세계가 일일 생활권이 되면서 비행기라는 운송수단이 대중화된 지금, 비행기 탑승 시에 들을 수 있는 백색소음과 그 쓰임에 대해 살펴보았다. 그리고 귀에는 잘 안 들리지만 신체로 느끼게 되는 기내의 소리로 비행기동체의 흔들림에 따른 초저주파 소음은 우리를 아주 불쾌하고 불안정하게 할 수 있지만, 그 대처방법 또한 살펴보았다. 앞으로는 국제선의 대형 여객기이든 관광용 경비행기이든 비행기에 탑승하게 되면 기내에서 들리는 소리를 잘 파악하여 실생활에 활용하는 기지를 발휘해 보기로 하자.

소리이야기 19

동전 세는 소리

우리나라 사람들은 과학지식을 실생활에 활용하기를 아주 좋아하고, 또 그런 종류의 정보를 전달해주는 TV 프로그램을 즐겨 시청하고 있지 않나 하는 생각을 필자는 가끔씩 해본다. 오래된 이야기지만 SBS 방송 〈호기심 천국〉 담당 PD가 어떤 소리를 녹음한 자료를 들고 연구소를 찾아왔다. 그리고 우리 연구팀에게 녹음된 소리가 무슨 소리인지를 규명해 줄 것을 요구하였다. 녹음을 재생해보니 /더르럭 더르럭 턱~/거리는 소리가 규칙적으로 들렸다. 마치 〈인디아나 존스〉와 같은 모험영화의 한 장면에서 들을 수 있는 돌 굴러가는 소리라고 연구팀은 결론 내렸으나, 결과를 전해들은 제작진들은 이내 실망하는 눈빛이었다. 자신들은 오랜 세월 속설로 전해오던 소리에 대

① 은쟁반에 옥구슬 굴러가는 모양과 그 소리는 아주 다르다.
② 저금통으로 사용될 수 있는 가정용 동전 분류기

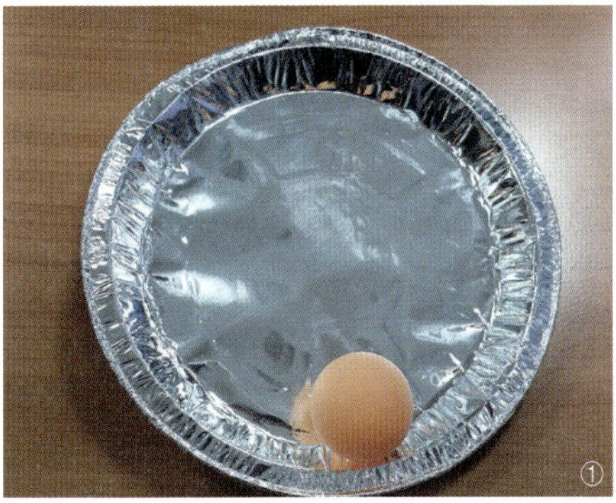
①

②

한 내용을 과학적으로 규명해 보고 싶어 했고 그 소리만 들려주면 내용을 밝혀낼 수 있으리라고 기대했는데 그 기대가 깨져버린 듯 허망해 하는 모습이었다.

그 소리는 바로 "은쟁반에 옥 구슬 구르는 소리"를 녹음한 것이었다. 그런데 막상 녹음된 소리를 분석한 소리공학연구팀이 "어떤 판위에 바위나 돌이 굴러가는 소리"라고 결론지었으니 제작진은 실망할 수밖에 없는 노릇이었다. 사실 소리를 듣는 사람은 자신의 경험을 통해 소리를 연상하면서 그 정체를 파악하게 되는데 은쟁반에 옥구슬이 굴러가는 소리를 한 번도 들어 본적도 없었던 연구팀으로서는 기계를 이용한 소리성분분석만으로는 그 실체를 도저히 연상해 낼 수가 없었던 것이다.

소리공학연구소에는 다양한 곳에서 들리는 소리의 정체를 규명해 달라는 요청이 많이 들어온다. 어떤 경우에는 청각으로는 잘 들리지 않는 소리도 있고, 어떤 경우에는 환청이나 이명을 호소하면서 남들은 듣지 못하지만 자신에게는 들리는 소리가 과연 실제로 존재하는 소리인지 과학적인 분석을 해달라고 의뢰하는 경우도 있다. 사실 소리공학연구소의 중요한 설립목표 중 하나가 바로 "우리 생활 주변에 들리는 소리를 분석하고 규명해서 실생활에 두루 유익하게 활용하는 기술을 구사하는 것이다"라고 하였으니 이런 다양한 소리를 다루는 것이 어쩌면 당연한 일이고 보람 있는 일인지도 모른다.

이번에는 〈TV 스페셜〉 프로그램의 PD가 다른 방송프로그램에 출연한 적이 있는 한 달인의 능력을 평가해 달라면서 자료화면을 보내왔다. 화면을 보니 주인공은 손바닥에 잔뜩 동전을 집은 후 바닥에 떨어뜨리면서 떨어지는 소리로 동전의 총 금액을 맞추고 있었다. 물론 동전을 다른 사람이 대신에 하나씩 떨어뜨려도 동전의 종류에 따라 금액을 계산해서 떨어진 총액을 빈틈없이 잘 맞추는 것이었다. 다만 동전이 떨어지는 바닥은 딱딱한 나무이거나 플라스틱 재질이어야 소리가 분명하게 들린다고 한다.

은행이나 자동판매기 등에서는 동전 세는 기계를 주로 사용하는데, 동전의 크기에 따라 자동으로 분류하는 코인메커니즘(coin mechanism)을 사용한다. 이 장치는 투입구를 통해 동전이 들어오면 크기에 따라 진행하는 트랙이 다른데, 크기가 작은 동전이 먼저 빠지게 된다. 투입된 동전이 크기에 따라 각각 정해진 트랙을 지나게 되면 동전의 합금성분을 자장(magnetic field)의 비율로 분류해

① 코인메커니즘은 다양한 방법으로 동전을 인식한다.
② 철문을 손바닥, 우유배달주머니, 아령 등으로 치면 소리특성이 서로 전혀 다르다.

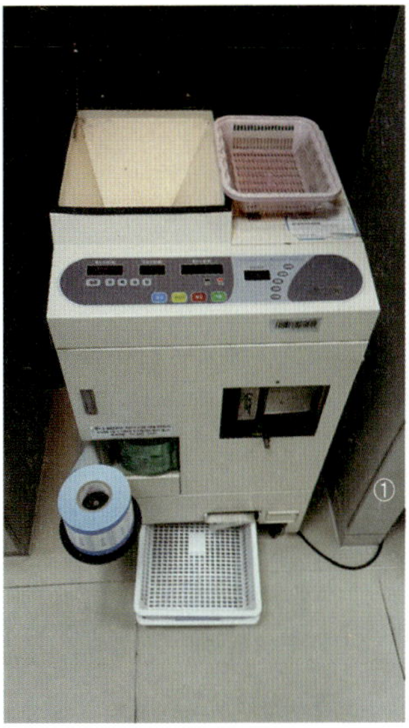

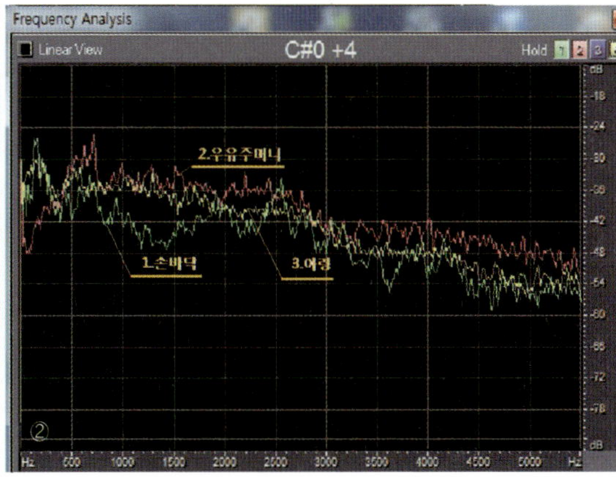

동전의 개수를 셀뿐만 아니라 동전의 상태도 검사하게 된다. 동전테두리의 요철상태는 그 트랙을 지날 때 스치는 소리성분분석을 통해 파악하게 되고, 각 트랙별로 동전에서 나오는 성분들이 다르게 얻어지면 불량동전으로 퇴출된다.

주인공은 기계가 아닌 순전히 인간의 청력에만 의존하여 동전을 세고 있었다. 우리는 동전이 떨어질 때 나는 소리가 동전의 유형에 따라 어떠한 차이가 나는지 먼저 알아보았다. 높이 30~50cm에서 동전을 떨어뜨렸더니 10원, 50원, 100원, 500원 동전에서 서로 다른 음높이의 소리가 발생하면서 큰 차이를 보였다. 다만 최근에 주조한 신형 10원과 50원 동전의 소리는 서로 유사했지만, 소리의 크기에 있어서는 2배나 차이가 있었다. 다음에는 손에 동전을 한주먹 쥐고선 하나씩 떨어뜨리면서 소리 차이를 비교하였는데, 떨어진 동전 위에 떨어진 다른 동전의 소리는 평소의 동전소리와는 다르게 나타났다. 어쨌든 TV에 출연한 주인공이 코인메커니즘을 사용하지 않고 오로지 청각정보로만 동전을 분류해내는 능력은 남다른 청각능력만이 아니라 오랜 시간에 걸친 노력을 통해 뛰어난 청각을 가지게 된, 진정한 청각달인이라고 하여도 결코 틀린 말이 아니라는 생각이 들었다.

동전 떨어질 때 나는 소리가 동전의 종류에 따라 서로 다르듯 누군가 대문 치는 소리가 평소의 소리와는 달라서 하마터면 문제가 될 상황에서 소리공학기술로 소리의 정체를 찾아내어 위기를 넘길 수 있었던 사건도 있었다. 위층에 사는 주인이 아래층 세입자에게 볼일이 있어서 초인종을 눌렀으나 인기척이 없자 급한 나머지 손바닥으로 그 집의 현관철문을 쳤다. 그러자 놀란 목소리로 가느다란 소리가 안에서 흘러나왔다. 그러나 문을 두들기던 집주인은 /누구세요~/라는 말을 못 알아들었고, 오히려 현관문 옆에 있었던 우유배달용 주머니를 몇 번 더 쳐대었다. 그러고도 문을 열어주지 않자 문 두드리는 일은 멈췄지만, 집안에 있었던 사람들은 불안과 두려움에 떨면서 밤을 지새웠다고 한다.

이후 세입자는 당시에 /탕~ 탕~ 탕~/하는 문치는 소리를 녹음해서 증거로 제출하면서 집주인을 경찰서에 고소했다. 고소장의 내용은 자기 집 철문을 야밤에 아령으로 쳐서 큰 위협을 느꼈다는 것이었다. 이에 주인은 문치는 소리가 결코 아령으로 친 것이 아니라면서 소리공하연구소에 소리규명을 요청해왔다. 법원에 제출된 녹음자료를 들어보니 스마트폰으로 실내에서 녹음한 소리였는데 문치는 소리가 아파트 실내를 울리면서 쇠 소리성분과 함께 정말 무섭게 느껴질 정도였다.

그렇지만 실제 소리를 분석해보니 손바닥, 우유주머니, 아령 등으로 철문을 쳤을 때 실내에서 들리는 소리의 스펙트럼이 서로 큰 차이를 보였다. 특히 아령으로 철문을 칠 경우에는 저주파 음의 큰 실내울림이 쇠 고유의 고음성분과 함께 나타났지만 실제 녹음된 소리에서는 나타나지 않았다. 결국 소리분석을 통해 집주인은 아령으로 철문을 치지 않았다는 것이 밝혀졌고, 그 부분에 대해서는 무죄판결을 받게 되었다.

요약하면, 소리공학이란 주변에서 들리는 소리를 분석하고 규명해서 실생활에 두루 유익하게 쓸 수 있는 기술을 시민들에게 제공해주는 것이다. 우리에게는 입과 귀가 있다. 귀로 듣고 입으로 말하면서 우리가 살아가는 동안에는 오감을 통해 세상의 풍요로움을 즐기게 된다. 따라서 우리의 삶을 더 풍요롭게 만들기 위해서는 소리공학기술의 도움이 반드시 필요하다. 이제 우리는 소리와 함께 살아가면서 소리공학기술의 활용에 대해 거듭 살펴보는 지혜로움이 필요할 때이다.

김수미씨의 걸쭉한 목소리

어느 날, 시장통로에서 가게를 하면서 늘 바쁘지만 활기차게 살아가는 사람들의 이야기를 담은 휴먼다큐 TV 프로그램을 시청하고 있었는데, 평소에 많이 듣던 탤런트 김수미씨의 목소리로 진행되고 있었다. 한 시간여 동안이나 극중 주인공들의 행동이나 생각이 김수미씨의 걸쭉하면서도 감칠맛 나는 목소리로 이어지고 있었다. 필자는 오래 전부터 방송을 통해 김수미씨를 보거나 혹은 들어왔었기에 독특한 그녀의 목소리는 금방 알아들을 수 있었고, 연배에 비해 힘차게 나오는 목소리를 들으면서 김수미씨가 남달리 참 정열적인 분이구나 라는 생각을 하고 있었다. 그러나 프로그램의 말미에서 자막을 통해 사실 그 목소리의 주인공은 김수미씨를 흉내 낸 20대 초반

① 목소리 발성기관은 목관악기 구조와 원리가 유사하다.
② 김수미씨와 유병권씨는 외형 상 안면구조비율도 비슷하다.

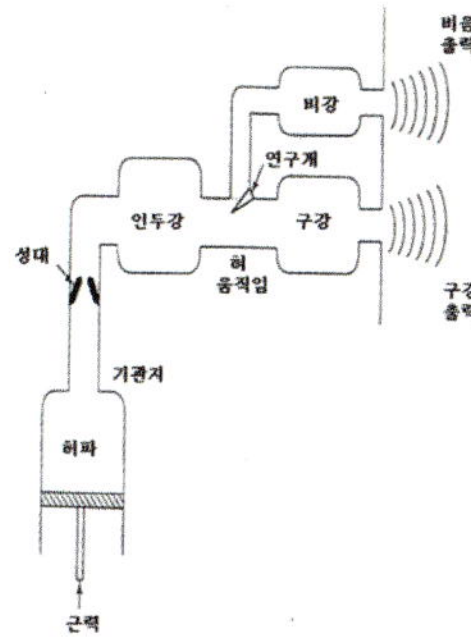

①

②

의 유병권씨의 목소리라는 것을 알고 나서는 놀라지 않을 수 없었다. 그래서 기회가 되면 두 사람의 목소리를 비교분석해보리라는 생각을 했었다.

그러던 중 마침 KBS 방송 〈생생정보통〉 프로그램 제작진으로부터 김수미씨의 성대모사를 하는 유병권씨의 목소리 특징을 밝혀달라는 연락이 왔다. 먼저 김수미씨의 목소리를 분석해 보았는데, 우리가 이미 잘 알고 있듯이 자태가 고운 이미지와는 달리 단어나 문구의 말미를 길게 끌면서 대담하게 짚고 넘어가려는 말투가 독특하였다. 반면 단어 중간 중간에는 발성을 의문형으로 하여 톤을 올리면서 여성스러운 정감을 표출하고 있다. 따라서 김수미씨 목소리는 전체적으로 볼 때 남성적인 당돌함과 대담함이 묻어나는 동시에 여성적인 애교가 공존하는 독특한 발성법을 사용하고 있었다.

김수미씨의 목소리를 성대모사 하는 유병권씨는 20대 초반의 남성이다. 분명 여성의 목소리와 남성의 목소리는 성대 톤에서부터 차이를 보이는 것이 당연지사인데, 어떻게 하여 이 두 사람의 목소리가 아주 비슷하게 들리는 것일까? 목소리는 폐에 공기를 모은 후 이를 목구멍으로 천천히 방출하면서 소리 울림으로 바꾸어 말을 만들어 낸다. 따라서 두 목소리가 비슷하게 들린다면 우선 발성골격이 유사한지 알아보아야 한다. 발성골격이 유사한 예를 들어보면 쌍둥이나 또는 자매지간, 형제지간의 경우로 두 사람의 발성골격이 비슷하면 목소리 또한 비슷하여 목소리를 듣는 것만으로는 형인지 아우인지 구분이 잘 안 되는 경우를 볼 수 있다. 때로는 모녀지간이나 부자지간에도 잘 구분하기가 어렵다고들 한다.

그래서 김수미씨와 유병권씨의 경우에도 발성골격의 유사성을 먼저 비교해보기로 했다. 인터넷에 공개되어있는 김수미씨와 유병권씨의 명함판 사진을 구해서 가로 세로 비율을 그대로 유지하면서 두 사진의 크기를 비교하였더니 코크기, 미간 간격. 목 길이, 턱 높이 등의 발성기관이 놀랍도록 서로 비슷하였다. 이처럼 발성기관의 외형이 비슷하다는 것은 관악기에서 하드웨어적인 구조의 길이가 같을 때 두 악기의 소리가 서로 비슷하게 발생될 확률이 50% 이상 되는 것과 같은 이치이다.

다음은 외형이 유사한 발성기관을 통해 두 목소리가 더 유사하게 들리도록 발성연주법을 일치시키는 과정이다. 발성 연주법이란 발성시에 목소리에서 말투나 성대의 피부탄력을 적절하게 조절하는 것을 말한다. 그러나 기본적으로 성대의 피부탄력에 따르는 남녀목소리의

① 두 목소리를 비교해보니 기본 톤과 제1공명울림이 비슷하게 나타났다.
② 맑고 쾌활한 소리는 젊은 유병권씨의 경우 좀 더 강하다.

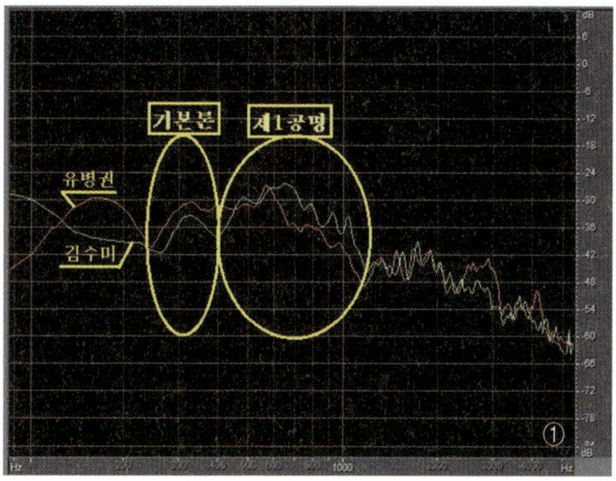

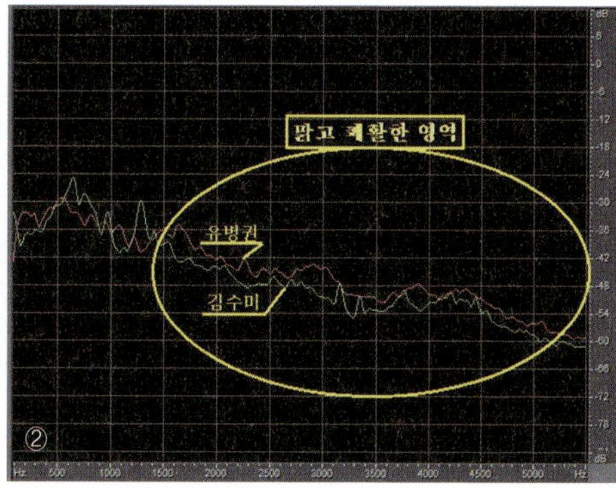

기본 톤은 1.5배정도 차이를 보이고 따라서 서로 다른 기본 톤이 나오게 되는 것이 일반적이다. 즉, 유병권씨는 남성이므로 여성의 성대 피부에 비해 평균 반 옥타브 낮은 100~200 헤르츠의 저음영역에 속하는 기본 톤을 발성하게 된다. 그럼에도 불구하고 두 사람의 목소리 톤이 비슷하게 된 이유는 김수미씨의 나이가 60을 넘기면서 발성기관이 노화되었고 여성의 성대 톤 200~300 헤르츠 영역에서 점차 저음화 되어가고 있었던 반면, 유병권씨는 남성이지만 고음 성대 톤에 속하여 두 사람의 성대 톤이 우연의 일치로 비슷해진 경우라고 볼 수 있다.

또한 발성기관의 외형골격과 성대피부의 탄력특성은 소리스펙트럼에서 기본주파수와 함께 제1공명 주파수의 유사성으로 나타낼 수 있는데, 이 부분에서 두 사람은 너무나도 닮아 있었다. 유병권씨의 성대 톤은 평균 194 헤르츠로 남성으로서는 아주 높은 편이며 톤의 변화폭을 다양하게 구사하고 있어서 김수미 씨의 성대 톤과 아주 비슷하였다. 여기에다 목소리에서 가장 큰 소리울림으로 나타나는 제1공명주파수는 610 헤르츠로 이 부분까지도 서로 일치하게 되면 듣기에도 비슷한 목소리로 들리게 된다.

이어서 발성 시에 혀나 턱의 움직임 변화 정도에 따라 소리스펙트럼의 제2와 제3공명울림을 비교해 보았더니 1625 헤르츠와 2438 헤르츠 근방에서 유사성이 나타났다. 특히 코의 길이와 높이에 따라 비음 발성의 특징이 나오고 있었는데, 김수미씨가 좀 더 부드러운 저음특성을 가지고 있었다. 반면 치아, 입술, 목젖 등을 스치는 마찰성 소리스펙트럼은 유병권씨가 더 강하게 얻어져서 남성이지만 젊은 나이인지라 비교적 맑고 쾌활한 소리를 내고 있었다.

요약하면, 젊은 나이의 유병권씨가 60대의 김수미씨 목소리를 한 시간 내내 그대로 흉내 내고 있어도 듣는 사람들은 목소리만으로는 두 사람을 구분 짓기가 몹시 어려웠다. 그 이유는 발성기관의 골격이 서로 비슷하고, 성대 피부탄력을 나타내는 목소리 기본 톤의 주파수와 울림이 유사하기 때문이었다. 여기에 말투까지 김수미씨를 연상할 정도로 흉내 내면서 발성하고 있었기 때문에 수십 초의 짧은 구간에서는 목소리의 유사성이 95%가 될 정도로 높게 얻어졌다. 이처럼 어떤 사람을 존경하고, 그 사람의 모습을 닮으려고 노력하다보면 얼굴 모양이나 행동거지가 비슷해 질뿐만 아니라 목소리까지도 닮아질 수밖에 없다. 나이가 들어가면서 부모님에게서 독립을 하거나 거리를 두려고 해도 자신도 모르는 사이에 어느 순간 부모님과 똑같은 행동을 하고 똑같은 목소리를 내고 있는 우리들의 모습도 바로 이러한 이유 때문은 아닐까 생각해본다.

뽀로로의 인기 비결

최근 우리나라에서 제작된 문화콘텐츠들 중에서 국내뿐만 아니라 해외에서도 그 이름이 알려지고 인기를 끌게 되는 경우가 많아졌다. 아쉽게도 유아들을 대상으로 하는 내용은 그리 많지 않은 편이다. 그런데 〈뽀로로〉라는 캐릭터가 출연하는 비디오 콘텐츠는 전 세계적으로 3~5세의 영유아들에게 절대적인 인기를 끌고 있다고 한다. 동그란 얼굴에 엄마 젖을 방금 먹은 듯 앞으로 내민 뾰족한 입술, 고개를 좌우로 흔들면서 아장아장 걸어가거나 흔들거리며 춤을 추는 모습을 보면 아이들뿐만 아니라 함께 비디오를 시청하는 부모들도 이 귀여운 캐릭터에 빠져들게 되고 그 모습이 신기하게조차 보인다고 한다.

〈뽀로로〉의 매력은 이처럼 웃음을 주면서 사람을 끌어당기는 특이한 모습에도 있지만 우리가 보다 큰 관심을 갖게 되는 이유는 바로 그의 목소리에 있다. 〈뽀로로〉의 목소리는 성인 성우가 만들어내는 목소리지만 3~5세 유아의 목소리처럼 들리도록 유아 목소리의 특징을 잘 잡아내어 발성하고 있다. 보통 사람이 발성할 때 나오는 목소리 성대 톤은 소리의 기본 음높이를 만들게 되는데, 엄마, 즉, 성인 여성은 평균 200~300 헤르츠지만 어린이들은 좀 더 높아 유치원생은 300~450 헤르츠, 영유아들은 400~500 헤르츠에서 기본 음높이를 발생한다. 〈뽀로로〉의 목소리를 분석해보니 기본 톤이 450 헤르츠로 성인 성우의 목소리임에도 불구하고 극 중 캐릭터의 나이에 맞는 기본 톤을 내고 있음을 알 수 있었다.

그런데 기본 톤보다 더 중요한 것은 〈뽀로로〉가 발성하는 목소리 톤의 변화율이다. 보통 영유아들의 톤의 변화는 기본 톤을 기준으로 1옥타브정도이지만 〈뽀로로〉의 목소리는 1.5 옥타브로 톤의 변화를 확실하게 느낄 수 있는 목소리이다. 이처럼 목소리 톤의 변화가 크게 되면, 듣는 사람의 청감세포는 평상시의 톤 변화가 아니라서 더 큰 호기심과 관심을 가지고 소리를 듣게 되고 집중하게 된다.

성우가 〈뽀로로〉의 목소리로 문장을 발성할 때도 특이점이 나타난다. 우리말은 특별한 강세가 없이 평이하게 단어를 발성하는 특징이 있고 강세가 없어도 뜻의 전달이 잘 되는 편이지만, 〈뽀로로〉의 발성은 단어마다 강세나 억양을 넣는다는 특징이 있다. 강세나 억양이 들어가지 않으면 그 소리가 평이하게 느껴져서 소리의 전달력이 약하지만, 단어마다 강세를 넣으면 듣는 사람은 특정 단어를 강조하는 변화를 느끼게 되면서 들리는 소리에 관심을 더 집중하게 된다.

① 어린이뿐만 아니라 부모들도 좋아하는 〈뽀로로〉 분석 장면
② 〈뽀로로〉에서는 행동의 움직임이나 배경의 변화가 아주 활발하게 나타난다.
③ 〈뽀로로〉의 목소리에는 강세와 억양이 들어가 있어서 듣는 사람에게 관심을 유발시킨다.
④ 〈뽀로로〉의 목소리는 단어의 어미를 길게 끌어 정감을 불러일으킨다.

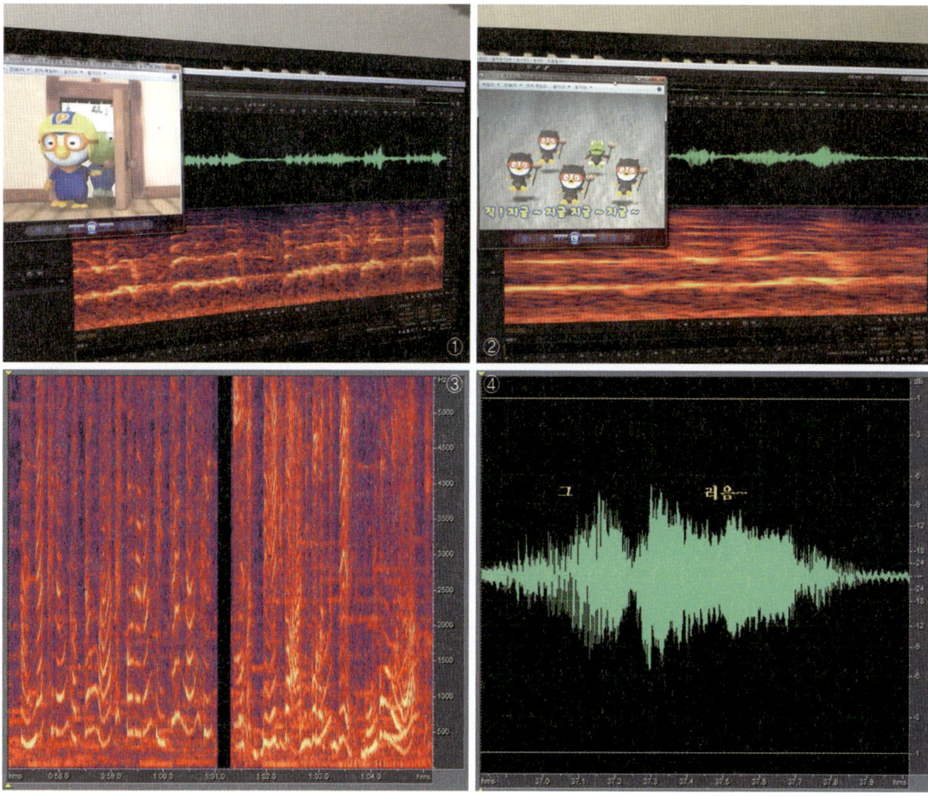

또한 〈뽀로로〉의 목소리를 들어보면 대부분의 영유아 발음에서 느껴지는 귀여움이 한층 더 강조되어 들린다. 〈뽀로로〉는 문장을 발성할 때 중간 중간마다 단어의 어미를 천천히 흔들어 발성하여 약간 불확실하게 마감하는 특징이 있다. 일반적으로 단어의 어미가 흔들리면 내용 전달은 부족하지만, 듣는 사람은 그 목소리에서 애교를 느끼게 되고 보호본능을 유발하여 상대방을 잘 돌봐줘야 한다는 애착을 가지게 한다.

전반적으로 볼 때 〈뽀로로〉의 목소리는 정감을 느끼는 목소리로 이 경우 말할 때 단어나 문구의 말미를 길게 휘몰아치거나, 특이한 억양을 넣어서 뭔지 모르게 사람의 마음을 끄는 매력이 있다. 보통 단어를 발성할 때 문장을 구성하는 단어들의 끝을 폐쇄하면 말하는 사람의 성격이 딱 부러지고 깔끔하게 느껴진다고 한다. 반면 충청도 사투리처럼 단어의 어미에 억양을 넣으면서 천천히 발성하면 사투리 특유의 정감이 느껴진다. 또한 강원도 사투리처럼 단어의 어미에 음절이 추가되어 길게 휘감아 치듯 발성하면 정감이 느껴진다고 한다. 그래서인지 단어 말미의 소리 지속시간을 길게 끌어주는 〈뽀로로〉의 목소리는 더욱 특별한 정감이 느껴진다.

한 가지 더 주목할 것은 끊임없이 이어지는 〈뽀로로〉 목소리에서 느껴지는 생동감이다. 극 중에서 〈뽀로로〉는 특이한 모습으로 쉴 새 없이 움직이면서 말을 계속 하고 있는데, 이처럼 계속 말을 하면 성대가 떨리고, 입이나 턱을 움직여야 하기 때문에 힘이 많이 들어가고 에너지소모가 커지게 된다. 끊임없이 변하는 〈뽀로로〉의 움직임을 보고 계속 이어지는 생기발랄한 목소리를 듣다보면, 보는 사람도 듣는 사람도 〈뽀로로〉와 같은 정열과 생동감을 함께 느끼게 되는 것이다.

앞으로도 〈뽀로로〉와 같은 우수한 문화콘텐츠들이 많이 제작되어 우리나라뿐만 아니라 전 세계 어린이들에게 보다 나은 미래에 대한 꿈과 희망을 효과적으로 보여줄 수 있게 되기를 기대해본다.

조용필 노래 목소리는 30대

대학원생 시절, 연구실에서 밤늦게까지 작업에 몰두할 때면 노래를 틀어두는 버릇이 있었다. 잡다한 생각을 잊고 업무에 몰두하기 위한 방법이었는데 동시에 늦은 밤 외로움을 달래는 방법이기도 했다. 잘 아는 대중가요 노래를 틀어두면 효과적이었는데, 그 중에서도 자주 들었던 노래는 목소리에 생기가 넘치는 조용필씨의 노래들이었다. 노래를 틀어놓고 일을 하다보면 지나가던 동료들이 한마디씩 하곤 했는데 대중가요를 즐기면 저속해지고 귀를 버릴 수 있으니 좀 더 품격 있는 클래식 음악으로 레퍼토리를 바꾸라는 것이었다. 그래도 따라 부르기 쉽고, 흔들기 좋고, 들을 때마다 감응이 오는 노래인지라 내게 좋으면 좋은 거지라는 생각에 계속 틀어놓고 있었던 기억이 난다. 그래서 대중가요를 들으면, 혹은 조용필씨의 노래를 들으면 왜 그런 좋은 느낌이 오는 것인지, 언젠가는 조용필씨의 노래를 분석해서 그 느낌의 이유를 알고 싶었었다.

그러다보니 시간이 많이 흘렀고, 이제 조용필씨도 환갑을 훨씬 넘기는 나이가 되었다. 최근 근 10년간의 침묵을 깨고, 신곡 〈바운스〉와 〈헬로〉라는 작품을 발표했는데, 반가운 마음에 들어보니 노래가 아주 활기차고 리듬감 있었다. 어찌된 일인지 발표 후 단 시간에 국내 인기가요차트 1위에 올랐으며, 노년층은 물론 청장년층도 열광하는 것이 아닌가. 노래를 부르면서 팔짝팔짝 뛰는 정열적인 모습이 옛날 전성기 시절의 조용필씨를 다시 보는 것 같았고, 그래서인지 주로 젊은 가수들로 이루어진 케이팝(K-pop)의 인기를 무색하게 만들 정도로 대중의 찬사가 이어졌다. 도대체 노래의 어떤 성분이 이토록 열광적으로 대중들을 매료시킨 것인가에 대해 많은 방송매체들이 의아해 했고, 그 성공요인을 소리 공학적으로 분석해 달라는 요청이 들어왔기에 필자도 이참에 조용필씨의 노래 부르는 목소리를 분석해 보기로 하였다.

조용필씨의 나이가 30대 초반이었을 때 불렀던 노래들은 대중가요 시장에서 크게 연속히트를 치면서 유명해졌는데 그 중에는 〈돌아와요 부산항〉, 〈단발머리〉, 〈여행을 떠나요〉 등이 있다. 이 곡들은 30년이 지난 지금도 여전히 노래방 애창가요 순위 중 상위권에 올라있다. 이 노래를 부르는 조용필씨의 목소리는 깊이가 있고, 정열이 있으며, 자로 잰 듯한 엄격함이 숨겨져 있다. 또한 호소력이 있고, 끌리는 듯 부드러운 정감이 있으며, 톤의 변화가 진성에서 가성을 넘나들면서 다양하게 나타난다.

① 조용필의 노래 목소리에는 남다른 파워가 있다.
② 목소리의 바이브레이션은 노래의 깊이를 나타낸다.
③ 조용필씨는 노래를 부를 때 악기소리처럼 발성한다.
④ 조용필씨의 노래에서는 톤의 변화(여성-남성)가 다양하게 나타난다.

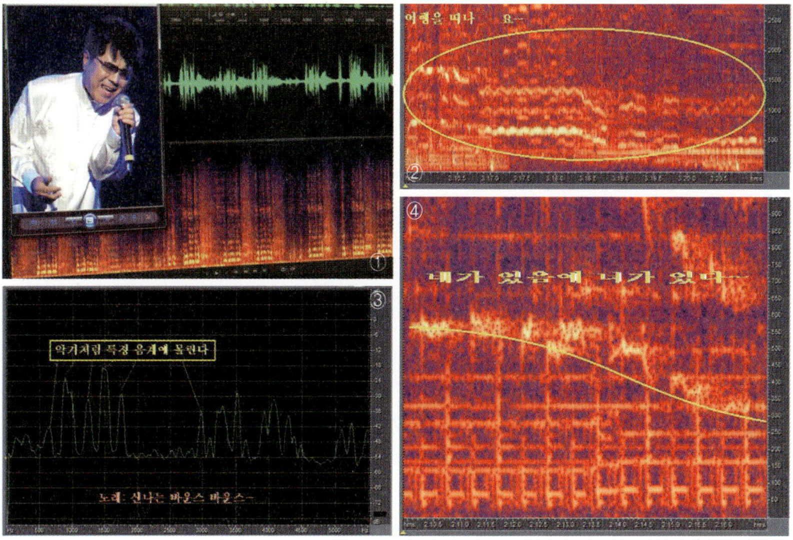

먼저 30대에 부른 〈여행을 떠나요〉에서 보면 전반적으로 노래 발성이 다음 음절까지 지속이 되는데, 이 때문에 조용필씨의 노래 목소리는 피를 토하며 갈고 닦은 훈련을 거친 명창과도 같은 목소리라고도 한다. 그 이유를 보면, 대부분의 가수들은 리듬에 따라 음높이를 변화할 때 각 음표의 위치에서만 소리 톤을 유지하고, 음표의 사이사이에 변화와 기교를 주는 것이 보통이다. 이와 달리 조용필씨의 목소리는 음표의 사이사이를 동일한 톤으로 지속하며 이어주기 때문에 노래를 부를 때 에너지가 많이 소모되는 반면 목소리가 악기소리처럼 지속이 되므로 그 소리에서 정열을 느낄 수 있다.

조용필씨가 노래를 부를 때면 말미에는 긴 바이브레이션이 들어간다. 그냥 노래 톤을 일정하게 이어가면 밋밋하고 기계음처럼 들릴 수 있었을 텐데 가사의 문구나 문장의 말미에서 깊은 바이브레이션이 들어가게 부르니, 노래 소리에 깊이가 더해져서 호소력이 나타난다. 여기에서 끝나지 않고 목소리의 성대울림을 기본 톤으로 하여 입이나 턱의 발성기관에서 화음을 이루는 공명음을 다양하게 만드는 것도 조용필씨의 매력이다. 다라서 기본 톤의 배음이 2천1백 헤르츠까지 퍼져 나와서 부드럽고 정감 있는 화음의 목소리를 내면서 복합음까지도 구사한다. 일반적으로 사람들은 어린아이들이 내는 단순음(pure tone) 보다는 이처럼 화음을 이루는 복합 음을 더 듣기 좋아하고 구수하게 느낀다.

조용필씨의 노래 중 〈여와 남〉이라는 노래에서는 목소리 톤의 변화가 아주 다양하게 나타난다. 노래 부를 때의 기본 톤 200 헤르츠를 기준으로 남자로서는 내기 어려운 소프라노 톤인 600 헤르츠 까지 무려 기본 톤의 3배까지 넘나들고 있다. 보통 가수들도 연습하면 톤의 변화를 2~3배로 올릴 수는 있겠으나, 노래 한곡을 다 부르는 동안 고음을 계속 유지하면서 부른다는 것은 피나는 노력 없이는 정말 어려운 일이라고 하지 않을 수 없다. 즉, 조용필씨의 노래발성에서는 진성, 두성, 가성 등을 자유자재로 구사하는 놀라운 기교가 나타난다.

30년이 지난 이 시점에서 살펴보니 조용필씨의 노래목소리에서는 노화가 거의 나타나지 않았다. 사람들은 보통 나이가 들면서 1년에 +1%씩 목소리노화가 나타난다고 한다. 30년이 지났다면 목소리 또한 점차 저음화 되어 활기가 없어지는 것이 당연하련만, 조용필씨의 노래목소리는 아직도 건재하다. 〈바운스〉는 기본 4박자의 리듬에 신체율동을 동반하는 0.5초의 밴드리듬을 기본으로 하고 있으며, 노래의 음폭도 전자드럼을 삽입하여 남녀노소가 다 좋아하는 주파수스펙트럼으로 구성되어 있다. 여기에다 리듬에 맞춰 부르는 조

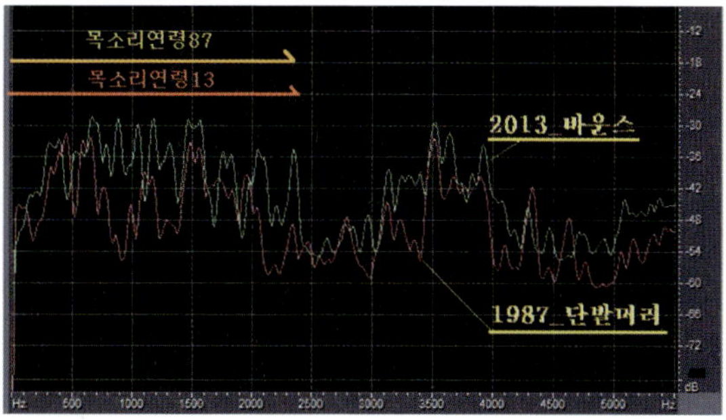

현재 조용필씨의 노래목소리는 30대였을 때에 비해 거의 변함이 없다.

용필씨의 현재 노래목소리는 30년 전과 유사한 노래목소리 연령을 나타내고 있다. 목소리 연령은 노래를 부를 때 제 1과 제 2 공명 사이의 소리 갭 위치를 기준으로 이야기하는데 30년 전에 부른 노래와 비교해도 똑같이 2040 헤르츠 근방의 소리연령 음폭을 나타내고 있다. 이처럼 목소리가 늙지 않는 이유는 조용필씨의 독특한 발성연습 방법에 있는데, 그 비결은 30년 전이나 지금이나 노래 연습을 하면서 자신의 목소리 톤을 악기 톤에 맞추기 때문이다. 악기는 사람과 달리 세월이 지나도 거의 동일한 소리 톤을 나타낸다.

요약하면, 조용필씨의 노래목소리는 45년 동안 거의 변함이 없어, 지금도 정열적이며 깊이가 있고 부드러우며 정감이 묻어있다. 또한 노래에는 기교와 호소력이 아직도 넘치고 있는데, 그것은 끊임없이 대중의 뜻을 읽으려고 노력한 결실이다. 우리는 조용필씨의 노래목소리가 30년 전이나 지금이나 별 차이 없이 젊음을 그대로 유지하고 있는 모습을 과학적으로 분석해보았다. 조용필씨처럼 목소리를 끊임없이 갈고 닦으면 노화되지 않고 젊은 목소리를 유지할 수 있다는 것을 알았으니, 우리도 늘 즐겁게 노래 부르면서 스트레스도 줄이고 동시에 젊고 활기차게 생활하도록 하자.

소리이야기 23

소프라노 콜로라투라의 목소리

약 십년 전에 뉴질랜드의 남섬에 있는 대도시 크라이스트처치에서 학술대회가 열렸었는데, 발표 자료를 인터넷에서 찾아 준비해야 하는 관계로 그 지역 도서관에 긴급히 찾아 들어갔었다. 그곳은 구청 규모의 자치구가 오전 11시에서 오후 4시까지만 운영하는 소규모의 도서관이었다. 도서관 이용카드를 발급받으려고 줄을 서고 있었는데, 바로 옆에 미디어CD를 빌려주고 반납을 받고 있는 곳이 있어 쳐다보니 책상 위에 놓인 CD 중에는 소프라노성악가 조수미의 음반이 눈에 많이 띄었다. 그 무렵 조수미가 유명한 소프라노 가수라는 것을 알고는 있었으나 이처럼 이국만리 떨어진 곳에서 세계적으로 조수미 음반이 인기를 끌고 있다는 사실에 거듭 놀라면서 같은 나라 국민의 한 사람으로 큰 자부심을 느꼈었다.

① 콜로라투라 가수는 성대의 기본 톤이 천 헤르츠를 쉽게 넘나든다.
② 한국인 유명성악가 중에는 초 고음을 내는 경우(신영옥, 조수미, 캐서린 김 등)가 많다.
③ 돌고래 초 고음가수로 TV 프로그램 〈스타킹〉에 출연했었고, 기네스북에도 등재된 조지 브라운.
④ 〈소녀시대〉 멤버인 제시카도 초 고음을 잘 내는 것으로 유명하다.

소프라노 가수의 음역 대는 500 헤르츠 이상의 기본음정을 수초 이상 지속적으로 안정되게 발성할 수 있어야 하고, 이러한 고음에서 음정의 변화가 연속적이어서 이음이 발생되지 않아야 한다. 소프라노의 기본음역 대는 다시 수브레트(soubrette), 드라마티코(drammatico), 스핀토(spinto), 리리코(lirico), 콜로라투라(coloratura)로 구분하는데, 소프라노 가수는 누구나 최고의 음정을 활기차게 구사할 수 있는 콜로라투라 소프라노가 되기를 바란다고 한다. 콜로라투라 소프라노의 발성 기본음높이가 천~천5백 헤르츠를 자연스레 넘나들면서 목소리의 울림에서 화음이 함께 일어나게 되면, 그 목소리는 아름답고, 선율이 고우며, 울림에 활력을 느끼게 된다.

이러한 음역 대를 내는 세계적인 우리나라의 가수로는 조수미,

신영옥, 캐서린 김 등이 있다. 이들은 어릴 때부터 그 재능을 인정받아서 성악가로 발탁되었고, 유명한 음악대학을 졸업하여 세계적인 가수로 성장하였다. 소프라노 가수의 최고봉에 있는 콜로라투라는 노래할 때 성대떨림이 1초에 1천 번이 넘을 정도로 목청의 탄력과 힘이 수반되어야 한다. 일반 여성이 말을 할 때는 성대가 1초에 평균 250번 정도로 떨리는데, 콜로라투라는 4배 이상 더 떨리기 때문에 성대의 피로도가 높아져서 힘이 많이 들어간다. 그리고 발성 시에는 폐에 모아진 공기가 급속히 빠져나가서 그 음정을 길게 지속하기가 몹시 어려워진다. 따라서 웬만한 성악가도 고음을 낼 수 있겠으나, 그것을 수초초 이상 지속하거나 그 상태에서 음계변환을 원활하게 조절하는 것이 어려운 경우가 대부분이다.

수년전 SBS 방송 〈스타킹〉에서 연락이 왔었는데, 브라질에서 세계적인 고음가수, 일명 돌고래 톤을 내는 가수가 출연하게 되었으니, 그 음역 대를 측정할 수 있는 장비와 인력을 지원해 달라고 했다. 물론 측정 장비를 통해 고음 톤의 음대역이 눈으로 훤히 보였으면 좋겠다는 말과 함께, 알려지기로는 그 가수가 컨디션이 좋을 때는 8옥타브 대역까지 올라간다고 귀띔해 주었다.

그 가수이름은 조지 브라운(Georgia Brown)이었는데, 브라질에서는 물론 초 고음가수로 전 세계적으로 잘 알려졌으며, 이미 기네스북에도 기재될 정도로 유명하였다. 그러나 목소리로 8옥타브(4천~8천 헤르츠) 까지 올라간다는 것은 성대떨림이 1초에 4천 번 이상 지속된다는 것을 의미하므로 성대 결절이 유발될 수밖에 없는 인간의 한계발성을 한다는 것이고, 초인만이 가능한 일이었다.

가수는 수차례 걸쳐서 모음발성으로 /아에이오우/하면서 목을 풀고 나서는 /아~/음으로 고음음계를 발성하였다. 그는 6옥타브 라음(천8백 헤르츠)에서도 안정정인 음계변환이 가능하였다. 비록 비행기를 27시간 타고 지구의 한 바퀴를 돌아서 서울에 오느라고 시차와 여독이 뭉쳐서 컨디션이 좋아보이지는 않았으나 이렇게 귀고막이 날아갈 정도로 초 고음을 안정적으로 낼 수 있다는 것은 타고난 능력과 발성연습을 통해서만 가능한 일이었기에 놀랍기만 했던 기억이 난다.

우리나라 아이돌 가수 중에서도 초 고음을 안정적으로 발성하는 경우도 있다. 〈소녀시대〉 멤버 중에서 제시카 양은 특히 고음을 잘 내기로 유명하다. 방송사와 인터뷰하는 내용에서 어떻게 이런 소질이 있느냐? 하고 질문했더니 목청이 원래 타고 태어났었는데 평소 겁이 많았고 자주 놀라다보면 나도 모르게 고음을 내게 되었는데, 그게 고음발성 연습으로 이어졌다고 한다. 남성가수들 중에서도 6옥타브 음정까지 올라가는 〈더 크로스〉의 김경현 군이 있다. 언젠가 우리는 그의 목소리를 분석해 준 적이 있었는데, 이후에 홍보자료를 보니 고음목소리가 그의 트레이드마크로 활용되고 있었다. 이처럼 초 고음가수들은 보통 사람들에 비해 그 고음을 지속하는 능력이 있는 것이다.

특히 초 고음을 내는 콜로라투라 소프라노 가수들은 성대 떨림을 너무 과하게 사용하여 가수의 생명력이 길지 않은 것으로 알려졌다. 그래서인지 30~40대의 젊은 나이임에도 평소 대화를 할 때는 목소리가 탁해지거나 공기 빠지는 바람소리가 많이 들린다. 이것은 노래할 때 성대가 너무 과도하게 떨려서 성대피부가 경화되었거나 성대 결절이 발생한 경우이다. 따라서 평소에 성대를 마사지하고, 미지근한 물을 마셔 수분을 유지하고, 중음으로 목을 푸는 연습을 충분히 하여야 한다.

요약하면, 1초에 수천 번의 성대 떨림으로 발성하는 초 고음 소프라노가수 콜로라투라의 노래를 들어보면 관객들은 맑고 화려하고 쾌활하며 동시에 운동성을 느낀다. 콜로라투라는 발성기관도 남다르게 초인적인 타고남이 있어야 하고, 목소리 울림과 지속적인 음정변화가 나오도록 훈련과 연습이 필요하다. 우리나라 여성가수들 중에는 초 고음가수가 많은 편인데, 얼굴이나 피부 발성기관이 초고 음을 내기에 적합하며, 훈련과 연습을 게을리하지 않는 국민성이 있기 때문이다. 그렇지만 전 세계의 관객들에게 아름답고 초인적인 목소리를 오랫동안 들려주려면 목소리 발성기관을 젊게 유지하고 탄력 있게 관리하는 것이 필요함을 잊지 말아야 하겠다.

콜로라투라의 목소리는 초 고음이라서 수분을 충분히 섭취하여 발성기관의 피부탄력을 잘 유지하도록 관리하는 것이 필요하다.

국악은 태교와 찰떡궁합이다.

엄마의 뱃속에서 10개월을 지내는 동안 태아는 다양한 경로로 바깥세상에 대한 정보를 받게 된다. 신체적으로는 임신 직후부터 탯줄을 통해 영양분을 공급받으면서 심장혈류를 통해 엄마의 심신 상태 정보를 전달받는다. 임신 5개월이 지나면 양수 속에 있는 상태에서 태아의 청각이 열리게 되는데, 이때부터 태아는 더욱 다양한 정보를 받게 된다. 청각은 시각과 달리 구체적이거나 뚜렷한 패턴은 기억할 수 없으나 소리의 다양한 음색이나 리듬이 가져다주는 연상 기억을 통해 정보를 받게 된다. 즉, 어떤 상황이 발생하면 그때의 소리 패턴을 기억했다가 나중에 비슷한 부류의 소리가 들려오면 당시 경험을 떠올리는 식으로 정보를 받게 되는 것이다.

무엇보다도 중요한 점은 태아가 아직 세상에 태어나지 않았으므로 직접적인 경험을 못하고 대신 산모가 경험한 것들을 전달받게 된다는 것이다. 따라서 엄마의 심신이 허약하거나 불안해지면 혈류를 통해 태아에게도 전달되면서 태아도 함께 불안해한다고 한다. 한 연구에 의하면 산모가 외부요인에 의해 심한 스트레스를 받게 되면, 태아도 함께 스트레스를 받는다는 것이 실제로 밝혀졌다고 한다. 이처럼 엄마를 통해 태아에게 외부세계의 정보를 전달하는 것은 태아의 발육성장에 아주 중요한 일이다. 특히 소리를 통해 태아에게 정보를 전달하는 것은 지금처럼 과학이 발전된 시대가 아님에도 불구하고 아주 오래 전부터 임신 중 산모가 꼭 지켜할 중요한 사항 중 하나로 여겨져 왔다.

평소 태아의 소리 전달과정에 관심을 가지고 있었던 우리 연구팀은 외부에서 들리는 소리가 태아에게 어떻게 전달되는지 그 전달과정을 관찰해 보기로 했다. 소리가 발생하면 그 소리는 산모가 입은 옷을 통과한 후 산모의 복부 부분 피부를 통과하게 된다. 표피층을 지나면 태아를 둘러싸고 있는 태반에 전달되고 양수, 즉, 물속을 통해 태아의 청각세포에 전달된다. 이러한 소리전달 과정을 체계적으로 재구성해 보기 위해 우리는 먼저 태반과 같은 환경을 구성해 보기로 하였다. 풍선에 물을 1리터정도 채운 후 풍선 안에 수중 방음된 마이크로폰을 넣어서 소리를 측정하는 방법이었다. 태아의 실제 환경에 좀 더 유사하게 접근하기 위하여 풍선에 옷을 입혔고, 풍선의 물 온도 또한 36.5도로 맞추었다.

실험 결과, 외부에서 발생한 소리는 앞에서 언급한 전달과정을

① '모차르트 효과'를 입증하는 태교음악의 음폭 특성.
② 긴 여운과 안정감 있는 소리가 특징인 국악기들
③ 퓨전국악이 태교음악으로 손색이 없음을 보여주는 소리스펙트럼
④ 요즘 인기 있는 퓨전 국악연주 장면

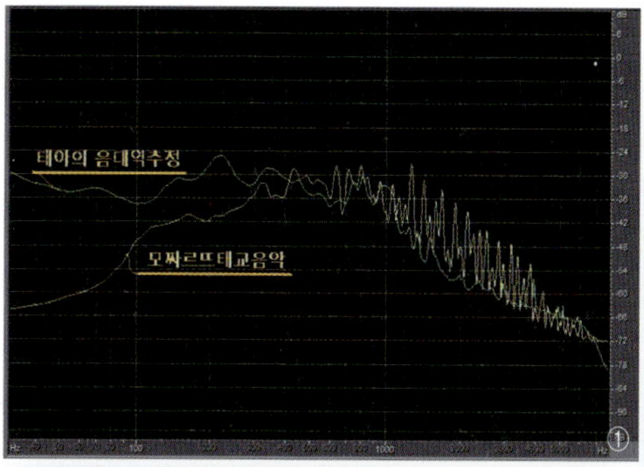

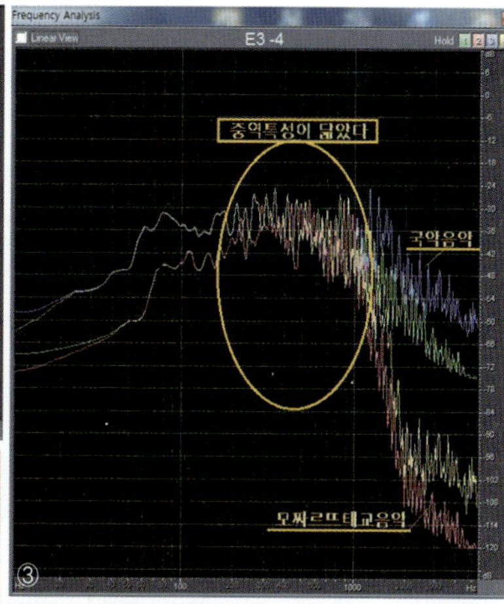

거치면서 음폭의 대부분이 여과(filtering)되었고, 천5백 헤르츠 이상은 소리가 아예 차단되어서 태아에게 거의 전달되지 않았다. 따라서 산모의 배에 얼굴을 대고 말을 하면, 아빠의 목소리가 엄마 목소리보다 더 명료하게 전달된다고 볼 수 있는데, 이는 아빠의 목소리가 엄마 목소리보다 반 옥타브 낮은 저음의 목소리이기 때문이다.

태아의 청각 실험을 한창 진행하던 중 KBS 뉴스팀에서 연락이 왔는데, 국악이 태교에 좋은 이유를 과학적으로 밝혀달라는 주문이었다. 국악계에서 오래 동안 전해지는 얘기로는 국악의 연주 리듬이 산모의 심장박동과 유사하고, 또한 국악의 리듬이나 음색이 자연의 소리와 유사하기 때문에 산모가 들었을 때 별 강박관념 없이 편하게 들을 수 있기 때문이라고 한다. 그 때문인지 몰라도 산모에게 국악연주를 들려주면 태동이 일어나면서 왠지 모를 신비감에 쌓인다고 말하는 산모가 많다고 한다.

하지만 실험 결과, 태아의 태동을 느낄 때 태아의 심장박동수와 산모의 심장박동수는 서로 다르게 나타났다. 엄마의 평균 심장박동수는 분당 60~80 정도이나 태아는 분당 130~150을 나타내므로 국악의 템포나 리듬이 산모의 심장박동수와 유사하여 산모가 편안함을 느낄 수는 있을지는 몰라도, 태아의 심장박동 수와는 상당한 차이가 있음을 알 수 있다. 따라서 국악의 리듬이 태아의 심장박동수와 유사해서 태동을 느낀다는 것은 맞지 않는 얘기라고 하겠다.

두 번째 장점으로 얘기되는 것은 국악의 리듬이나 음색이 자연의 소리와 유사해서 별 거부반응이 없이 자연스럽게 느낄 수 있다는 내용이다. 국악기가 내는 소리나 자연의 소리를 들어보면 모두 1/f의 법칙이 성립한다는 이유 때문인데, 소리를 말할 때 적용되는 1/f 법칙은 장시간의 소리음폭을 평균해 보면, 주파수(f)가 높아질수록 소리의 성분에너지가 점차 낮아진다는 법칙이다. 이 법칙은 지극히 자연적이지만 그렇다고 해서 모든 자연의 소리에 통용되는 것은 아니고 다만 우리 생활주변이나 자연에서는 고음보다는 저음의 울림이 더 많이 발생한다는 의미이다. 국악기의 경우에는 자연에서 추출된 나무와 줄을 사용하고 있고, 고음보다는 저주파 음이 많이 발생되므로 자연의 소리와 닮았다는 이야기가 나오는 것이다. 그렇다면 서양 악기는 1/f의 법칙이 성립하지 않는 것일까? 그런 것은 아니다. 피아노, 하프, 오르간, 드럼 등의 서양 악기에서도 고음보다는 저음의 소리 에너지가 훨씬 많은 편이며 1/f법칙이 성립하고 있다. 따라서 1/f법칙이 성립한다는 이유만으로 국악기의 소리가 자연의 소리를 닮아서 듣기에 편하다는 주장은 그 근거가 약하다고 할 수 있다.

이처럼 국악이 태교에 좋은 이유를 단지 항간에 떠도는 이야기들만으로 단정 지을 수 없기에 우리는 실제로 서양음악의 경우와 비교해보기로 했다. 클래식음악 중에서 태교음악으로 유명한 모차르트의 〈두 대의 피아노를 위한 협주곡〉을 재생할 때 나오는 소리성분을 조사해 보았더니, 소리에너지의 70% 이상이 천5백 헤르츠 이하에 놓여있었다. 이 협주곡에서는 두 대의 피아노 소리가 서로 경쟁하듯이 생기발랄하게 리듬의 변화를 일으키면서 연주되고 있었다. 즉, 모차르트 태교음악은 대부분 저음이라서 소리에너지를 태아에게 잘 전달하고 있었으며, 특히 리듬템포가 빠르고 변화무쌍해서 태아의 두뇌를 움직이게 하고 그로 인해 태동을 일으키게 하는 그야말로 '모차르트 효과'를 유발하는 태교음악임이 분명하였다. 다만 틀에 맞춘 듯 기계적인 연주법이라서 그런지 생기발랄하기는 하나 산모나 태아가 심리적인 안정감을 느끼기에는 좀 부족한 면이 있었다.

이번에는 산모들이 즐겨듣는다는 퓨전국악의 소리성분을 살펴보았다. 놀랍게도 소리음폭에서 천5백 헤르츠 이하의 소리성분이 곡 전체를 기준으로 75% 이상 차지하고 있어 소리성분 측면에서는 태아에게 잘 전달될 수 있는 가능성이 보였다. 이러한 배경에는 가야금, 거문고, 피리 등의 국악기는 서양악기에 비해 길이가 길고, 울림통이 커서 긴 잔음(음이 지속되는 시간, sound duration)을 일으키는 특징이 있다. 이처럼 긴 여운이 있다는 것은 음정이 끊어지지 않고 길게 이어져서 우리의 마음에 와 닿는 정겨운 리듬을 오래 유지한다는 특징이 있기에 국악 태교음악에서는 아주 자연스러운 소리들이 묻어나오고 있었다. 한편 국악에서 흔히 들을 수 있는 늘어진 장단은 모차르트의 음악처럼 생기발랄한 연주를 하기에는 한계가 있으나, 최근에는 국악기의 길이와 통 크기를 조절하여 좀 더 빠른 템포와 리듬의 곡을 연주할 수 있도록 하여 새로운 퓨전 국악음악이 만들어지고 있다. 즉, 국악 퓨전음악은 서양음악에 비해 긴 여운의 정을 느끼면서도 저음의 안정감을 수반하는 특징이 있으며, 생기발랄한 리듬으로 산모나 태아 모두에게 소리가 잘 전달될 수 있고 정감어린 생동감을 불러일으킬 수 있기 때문에 아주 좋은 태교음악으로 각광받을 수 있다고 하겠다. 이번에 분석한 국악 태교음악도 안정감 있는 곡도 있지만 과거보다는 훨씬 빠른 템포와 리듬의 퓨전 곡도 함께 연주하고 있어서 태아에게 더 좋은 효과를 주는 것으로 나타났다.

요약하면, 전통국악은 그 소리가 늘어지고 저음에 닫혀 있는 특성이 있어 젊은 사람들보다는 중장년층이나 혹은 소리꾼들에게 주로 인기 있는 전통음악으로 알려져 있다. 새로운 악기를 개발하기에는 한계가 있고 전통적으로 자연의 모습을 그대로 담은 형태로 악기로 만들고 있어 안정감 있는 소리는 나오지만, 소리가 저음에 닫혀져서 쾌활하고 생기발랄한 리듬의 음악이나 혹은 다양한 소리는 만들어내지 못한다는 한계가 있었다. 하지만 대부분의 소리성분이 천5백 헤르츠 이하이어서 태아에게 잘 전달된다는 특징이 있고, 게다가 요즘 인기를 끌고 있는 퓨전국악은 이전보다 리듬템포가 훨씬 빨라져서 퓨전국악으로 만들어진 태교음악을 들을 경우 태아가 관심을 보이면서 산모는 태동을 느끼게 된다는 것이 과학적으로 밝혀졌다. 따라서 국악은 태교와는 찰떡궁합이며 아주 좋은 태교음악으로 판명되었다. 앞으로 국악의 좋은 효과가 태교음악에 머무르지 않고 산모뿐만 아니라 나이와 성별을 불문하고 온 국민이 좋아할 수 있도록 보다 다양한 소리를 내는 새로운 국악기와 연주법이 개발되기를 기대해 본다.

소리이야기 25

댄스뮤직 젠틀맨의 성공비결

2012년 뮤직비디오 〈강남스타일〉을 발표하여 세계적인 인기열풍을 일으킨 이후 싸이는 〈젠틀맨〉이라는 후속곡을 만들어 일년 후인 2013년 4월 100여 개 국가에 음원을 공개하였고, 공개 이틀 후에는 서울 상암동 경기장에서 콘서트를 열어 국내외 팬 6만 여명 앞에서 라이브 공연을 하면서 뮤직비디오를 공개했다. 그러자 만 하루가 지나기도 전에 유튜브 역사상 또 한 번의 기록갱신이 일어났다. 지금까지는 유튜브 뷰어에서 저스틴 비버가 세운 기록으로 공개 첫날 800만 건이 최고였으나, 싸이의 젠틀맨은 뷰어수가 첫날 3천 5백만 건을 가볍게 넘어섰고 하루 최고기록을 갱신하면서 결국 기네스북에 등재되었다.

① 양복 입은 어른이 개구쟁이 짓을 스스럼없이 하고 있는 〈젠틀맨〉의 한 장면
② 흥겨운 노래에 어울리는 꽃게 춤이 나오는 〈젠틀맨〉의 한 장면

〈젠틀맨〉 뮤직비디오가 발표되었을 때 이를 감상한 사람들의 의견은 아주 상이했다. 초등학교 때나 볼 수 있었던 개구쟁이 행동을 성인이 흉내내는 것 같아 저속한 느낌이 들었다는 사람도 있었는데 이에 대해 싸이는 자기 스스로가 B급 개그를 한 것이라며 웃어넘기고 있었다. 한편, 점잖게 양복을 차려 입은 싸이가 쇼핑몰에서 노인들을 비서로 대동하고 다니거나 이상한 '쩍벌' 춤을 추는 것이야말로 바로 젠틀맨의 이중성을 효과적으로 보여주는 것이라는 의견도 있었다.

어쨌든 싸이는 돌아왔다. 식당에서 여성이 앉으려고 하면 의자를 쭉 빼버려 엉덩방아를 찧게 하고, 어린아이들이 축구하고 있으면 공을 멀리 차버리는 등 뭔가 부족한 듯이 보이면서도 그러나 우리가 좋아하는 웃음을 만들면서 싸이가 돌아왔다. 당시, 무모한 핵실험으로 국제적인 따돌림을 받고 있었던 북한의 김정은이 서울을 불바다로 만들겠다는 폭탄선언을 연일 쏟아 붓고 있었던, 심각한 위기의 한반도 상황이었지만 싸이의 컴백에 언제 그런 일이 있었다는 듯이 외신들의 관심은 북한이 아닌 싸이의 공연장에 쏠려버렸다.

①

②

〈젠틀맨〉 뮤직비디오는 한번 보게 되면 또 보고 싶어지는 중독성이 있다. 비디오뿐만 아니라 노래 또한 듣다보면 자꾸 듣고 싶어지는 청취의 습관성을 불러일으키는 경쾌함과 리듬감도 있다. 다른 노래나 뮤직비디오에 비해 〈젠틀맨〉에서는 더욱 강한 청취중독성이 왜 생기는 것인지에 대해 소리공학적으로 노래분석을 시도해 보았다.

먼저 〈젠틀맨〉은 전 세계인을 대상으로 만들어 졌음이 분명하다. 노래가사를 들어보면 문장보다는 단어나 짧은 구문 위주로 쉽게 구성되어있고, 특히 몇 개의 단어들은 계속 반복된다. 가사를 발음할 때도 싸이는 마치 외국인이 우리나라 말을 하듯이 하고 있어 우리가 듣기에는 좀 어색하게조차 느껴진다. 우리말은 목소리로 의사를 표현할 때 단어의 발성에 강세나 억양을 넣지 않아도 그 의미가 잘 전달된다. 반면 영어의 경우 짧은 단어를 구사해도 강세가 들어가지 않으면 의미전달이 잘 되지 않는다. 그래서인지 외국인들은 한국인들의 발음을 따라하지 못해 어려움을 느낀다고 한다.

젠틀맨의 가사에는 '알려나 몰라' 대신에 /알란가 몰라/라는 구문에 초두 강세가 들어간 상태로 발음되거나, '말이야' 대신에 /마리야/라는 영어식 발음에 '리'에 강세를 넣어 발음하고 있다. 또한 '마더 파더 젠틀맨'이란 가사를 /마도 파도 젠틀먼/이라고 발음하여 단어의 초두 발음인 마-파-젠을 강조하는 발성을 하고 있다. 즉, 전

① 〈젠틀맨〉의 가사에는 강세가 들어가 있고 마치 외국인이 한국어를 하듯 어눌하게 노래한다.

② 〈젠틀맨〉에는 남녀노소가 좋아하는 소리 성분들이 다양하게 들어있다.

세계인들이 단어의 강세에 따라 발음하기 쉽게 하도록 하여 누구나 가사를 흥얼거릴 수 있게 만들었다.

한편, 노래 〈젠틀맨〉이 강남스타일과 유사하게 느껴지는 것은 기본 밴드리듬이 동일하기 때문이다. 일반적으로 성인의 심장박동수는 1분에 60~80번이므로 한번에 0.75초~1초를 소요하는데, 싸이의 〈강남스타일〉이나 〈젠틀맨〉에서는 기본템포가 0.9초의 주기를 갖고 있다. 즉, 1분에 67번 정도의 템포는 우리의 혈액순환주기와 맞아 들어가서 곡의 리듬이 신체리듬과 일치한다는 점이다. 또한 격렬한 율동 뒤에는 맥박수가 좀 빨라지게 되는데, 싸이의 댄스곡에는 1초에 0.45초의 기본리듬도 포함하고 있어서, 이때의 템포는 청소년층의 맥박 수에 맞아 들어간다는 것이 특이하다. 따라서 남녀노소 누구나 율동을 쉽게 따라하면서 자신의 신체리듬과 맞는 노래의 리듬을 즐길 수 있게 된다.

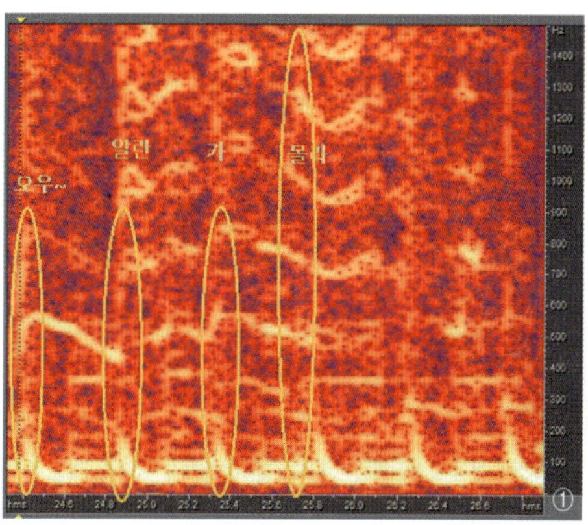

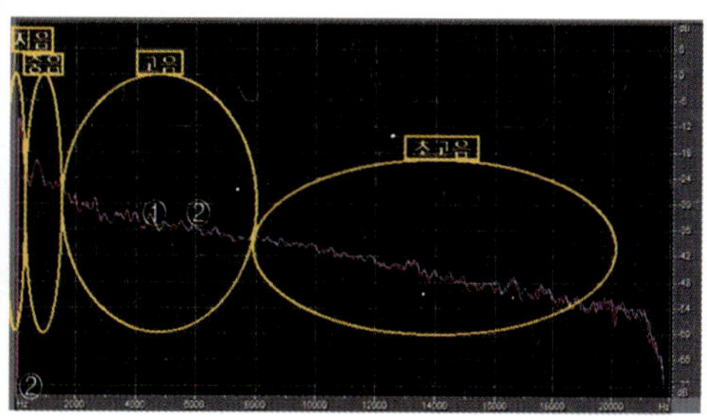

〈젠틀맨〉의 또 다른 특징은 싸이의 목소리가 굵직하고 안정감이 있으나 주로 저음에 치우쳐 있었기에 〈강남스타일〉에서는 고음을 보상하기 위해 박수소리나 '와~'하는 합성소리를 넣어 화음을 이루었었다. 그러나 〈젠틀맨〉에서는 전자음을 씌우는 것으로 싸이 목소리의 단조로움을 보충하고 있다. 여기에 네 박자의 구조로 이루어진 〈강남스타일〉에서는 '쿵닥딱 쿵딱다 쿵닥딱 쿵따~'로 반복되는 네 박자의 지루함을 꺾이지 않는 파격(꿍딱의 변형)으로 해소하였었다. 반면, 〈젠틀맨〉에서는 단순한 네 박자에 전자음을 입혀서 '빗 삐리 빗 빗삐리 비삐비삐 빗빗삐리~'하는 복합화음으로 네 박자반복의 지루함을 해소시키고 있다.

또한, 〈젠틀맨〉에서는 전자드럼의 심벌 치는 /치~/ 소리로 고음의 음폭을 넓힌 것이 아주 특이하다. 대부분의 드럼에서는 북소리의 저음위주로 /쿵짝 쿵짝~/의 소리가 나오지만, 〈젠틀맨〉에서는 북과 심벌을 전자악기로 사용하여 /쿵차 쿵차~/ 하는 소리로 고음의 쾌활함을 넣었다. 따라서 템포에 맞춰서 끊임없이 이어지는 기본박자 /쿵 쿵~/은 중장년층이 좋아하고, /차 차~/ 하는 6천~만 헤르츠의 고음성분은 청소년층이 주로 좋아하는 박자 음을 만들어낸다. /쿵차 쿵차~/ 하는 박자리듬은 청세포의 모든 음 대역에서 귀를 사로잡는 소리이기 때문에 전 세계의 남녀노소가 다 좋아할 수 있는 노래가 되는 것이다.

요약하면, 〈강남스타일〉 뮤직비디오는 전 세계시장에서 큰 인기를 얻어 유튜브 뷰어건수가 최초로 16억 건을 넘어섰고 이어서 연속 흥행의 성공에 대한 큰 부담을 안은 상태에서 후속곡 뮤직비디오

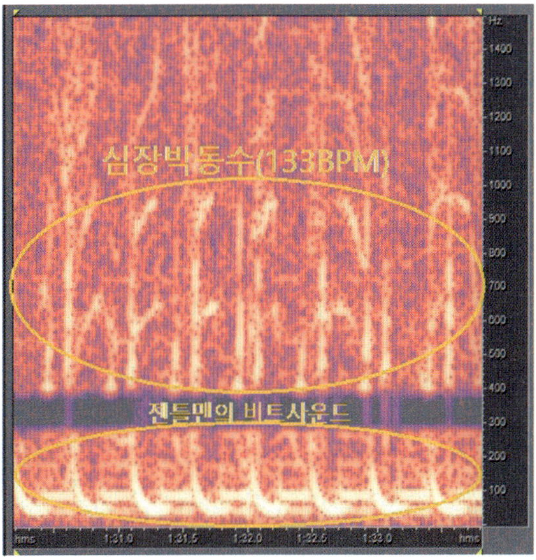

〈젠틀맨〉의 비트는 심장박동수와 거의 일치하는 소리성분을 보인다.

〈젠틀맨〉이 발매되었다. 〈젠틀맨〉 또한 인기를 얻으면서 연일 새로운 기록을 만들어 기네스북에 등재되었는데, 전체 뷰어 수는 공개 두 달도 안 된 시점에서 3억 건을 훌쩍 넘어버린 상태이다. 정말 놀라운 일이고, 자랑스러운 우리의 싸이이다. 앞으로도 국민들의 지대한 관심과 후원 속에서 지금까지 발표된 싸이의 후크송 성공비결이 앞으로 다른 가수나 노래에도 계속 적용된다면, 그리 멀지않은 장래에 또 다른 싸이가 탄생될 것임은 분명하다.

소리이야기 26

노래 잘 하는 법

우리나라 사람들은 함께 어울릴 때 장소가 어디이든 노래 부르기를 즐겨한다. 성업 중인 우리나라의 노래방은 숫자에 있어서 다른 나라에 비해 단연 으뜸이겠지만, 외국에서도 노래방을 운영하는 사람들 대부분이 우리나라 교포라고 한다. 그렇다면 우리나라 사람들은 노래 부르는 것을 왜 그렇게 좋아하는 것일까? 여러 가지 견해가 있을 수 있겠지만, 사람의 신체구조, 특히 발성구조상 평소에 말을 할 때 스트레스를 많이 받기 때문이라는 주장도 있다고 한다.

말을 하는 것은 인간의 가장 기본적인 능력임에도 불구하고 스트레스를 받게 되는 이유는 우리의 신체구조, 즉, 청각기관과 발성기관의 불균형에서 비롯된다. 소리를 받아들이는 귀는 두 개인데 비해

노래를 부르면 스트레스 지수가 30% 정도 개선되는 효과를 보인다.

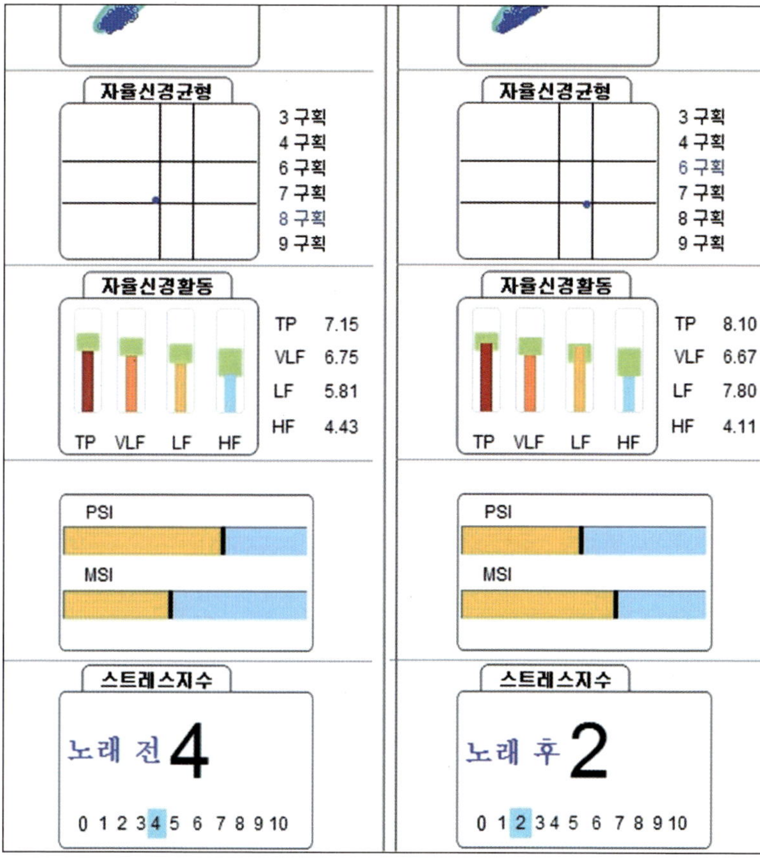

그 소리를 배출하는 입은 하나이므로 물리적으로만 보아도 배출되지 못하고 남는 소리가 더 많으므로 이 소리들이 가슴에 쌓여서 스트레스가 될 수 있다고 한다. 그도 그럴 것이 사람은 할 말을 다 못하고 살아가면, 심리적으로 우울증세가 나타나기도 하고, 심하면 빙의 증세가 나타나기도 한다는데, 이 모든 현상은 결국 못다한 발성이 우리 몸 안에 남아서 정체되어 나타나는 스트레스 질환의 일종이라고 할 수 있다.

한편, 사람들은 노래를 부르면 스트레스가 해소된다고 하는데, 우리는 이 가설을 실험을 통해 확인해 보았다. 신체구조상 우리의 손가락에는 실핏줄이 흐르고 있는데, 심장의 박동이 일어날 때마다 혈액이 한번 씩 돌아가는 현상에 근거하여 음영의 밝기변화를 측정한 후 심박동수를 측정하는 시스템을 사용하였고, 심장박동수를 5분간 누적하여 기록한 다음에 통계분포도를 조사하여 스트레스지수를 측정하는 시스템을 사용하였다. 20대의 남녀 10명을 대상으로 측정해 보았었는데, 노래 부르기 전에는 스트레스 지수가 최대 10점 중 평균 5.5점이었으나, 노래를 부르고 나서는 평균 2.7점으로 낮아졌으며, 따라서 노래 부르는 동안 또는 노래를 부르고 난 후에는 스트레스가 상당부분 해소된다는 사실이 수치로 분명하게 드러나고 있었다.

그렇다면 이왕 부르는 노래라면 잘 불러서 부르는 사람도 듣는 사람들도 다 같이 즐거워야 하지 않을까 하는 생각이 들게 된다. 노래를 잘 부르려면, 우선 노래 부르는 사람의 폐활량이 길수록 좋으며, 목소리 발성에 있어서는 음정을 필요한 만큼 지속할 수 있게 안정적이어야 한다.

좀 더 구체적으로 살펴보면, 노래를 잘 부르기 위한 사전 준비는 크게 두 가지로 나누어볼 수 있는데, 복용법과 자세교정법이 있다. 먼저 복용법에는 목소리를 지르기 전에 소리가 갈라지지 않도록 물

아랫배나 항문에 힘을 주면 고음을 더 길게 지속할 수 있다.

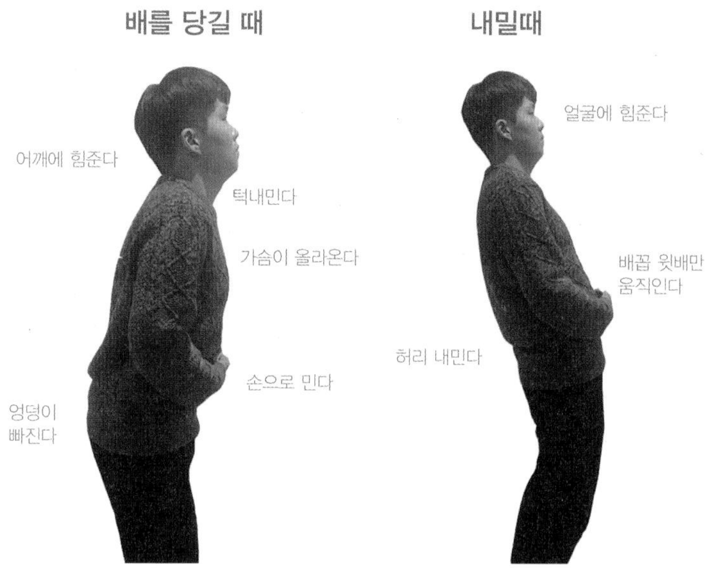

을 마시거나 민간요법에서 많이 얘기되는 날계란을 먹는 방법이 있다. 또한 일본에서는 노래를 잘 부르게 만들어준다는 알약을 먹기도 하는데, 언젠가 필자는 그 알약을 구해 먹은 사람을 우연히 알게 되어 알약 복용 전후의 소리성분을 비교분석해 본적이 있었다. 놀랍게도 알약을 먹은 효과가 어느 정도 있었는지 복용 후의 노래성분이 더 좋은 것으로 분석되었다. 아마도 노래를 부를 때 목의 근육을 안정시켜주는 성분이 알약에 들어있어 소리의 발성을 안정감 있게 유지시켜주었던 것이 아닐까 추측해보기도 했었다.

두 번째 방법으로는 노래하기 전에 노래 부르는 자세를 먼저 교정하는 외형 자세교정법이 있다. 허리를 구부려 노래함으로써 바람의 흐름을 목 안팎으로 수월하게 소통시키는 방법이 있고, 서 있는 자세에서 엉덩이 사이에 꽃을 꽂아놓은 채 항문에 힘을 주면서 노래하는 방법도 있다. 혹은 양손에 10kg 정도의 약간 무거운 쌀자루를 들고서 노래를 부르면 고음을 잘 낼 수 있다. 이러한 자세교정을 통해 노래 부르는 음정의 지속시간이나 고음의 높낮이 상태를 살펴보았더니 자세교정을 하기 전에 비해 교정 후 약간 개선된 결과치가 얻어졌다.

하지만 아무리 목을 잘 풀고 자세교정을 하여 사전 준비를 잘 했는데도 노래 부르고 난 다음에 노래방 기계에 점수가 나쁘게 나오면 기분이 상하고 왠지 자신감이 없어진다. 그렇다면 노래방에서 노래할 때 점수를 잘 받으려면 어떤 방법이 있을까? 일반적으로는 누구나 다 알고 있듯이 노래 반주기의 리듬에 맞춰서 목소리의 크기, 음정, 박자가 잘 맞아야 하겠지만 그보다 먼저 노래 부르는 사람이 마이크를 잘 잡아 자신의 목소리를 반주기에 잘 전달해야하고, 자신이 발성하는 소리의 크기가 반주의 크기보다 더 크게 들어가야만 점수를 제대로 낼 수 있다. 노래 부르는 사람이 너무 분위기에 젖어 마이크를 입에서 15cm 이상 떨어뜨려서 노래를 하게 되면 목소리보다 반주 음이 노래방기기에 더 크게 들어가게 되므로 점수가 줄어들고 심지어는 0점이 될 가능성도 있다.

반면, 마이크를 너무 입 가까이 하게 되면, 목소리보다는 숨소리(aspiration)가 노래방기기에 더 많이 유입되어 이 또한 점수를 낮

노래방에서 높은 점수를 따려면 음정보다는 박자에 치중해야 한다.

추는 상황이 발생한다. 그래서 마이크는 입에서 나오는 숨소리나 바람소리가 가급적이면 들어가지 않도록 마이크 선이 아래를 향하도록 하고 마이크헤드를 입에서부터 10cm 정도 떨어뜨려서 노래 부르는 것이 좋다.

또한 마이크가 스피커 가까이 위치하게 되면 증폭기에서 잡음이 생기는 하울링 효과로 인한 하울러 톤이 발생하고, 노래 부르는 목소리보다는 '삑삑'거리는 소리가 마이크에 유입되어 불량점수로 기록될 수가 있다. 따라서 몸을 움직이면서 노래할 때는 양쪽 스피커 사이, 중간지점에서 노래 부르는 것이 좋다. 보통 노래방에서는 마이크를 스피커 가까이 하더라도 하울러 톤이 발생하지 않도록 고음보다는 저음 위주로 소리증폭을 하거나, 목소리의 깊이를 보강하여 좋은 목소리로 들릴 수 있도록 인위적인 목소리 바이브레이션을 입히기도 한다.

사실, 남녀노소의 음색을 정확하게 파악해서 노래방 점수에 반영하기에는 아직도 기술적으로 어렵고 그 편차가 심하기 때문에 아직 대부분의 노래방 반주기에서는 음정의 고저를 점수에 반영하지 못하고 있다. 따라서 노래를 부를 때 음정의 고저보다는 가사를 잘 전달하려고 애쓴다면 점수를 잘 받을 수가 있다.

무엇보다도 노래방에서 좋은 점수를 받기 위해서는 박자감각을 잘 살려내어야 한다. 기계가 판단하는 것인 만큼 가사가 나오는 곳에서는 목소리를 내야하고, 쉬는 구간에서는 쉬어가야만 점수가 높아진다. 박자를 건너뛰거나 템포를 따라가지 못하면 점수는 낮아질 수밖에 없다. 박자감각을 익히려면 평상시 생활하면서 박자를 세며 손이나 발을 까딱거리거나 개수를 세는 습관을 기르면 도움이 될 수 있다. 즉, 평소 생활패턴에서 리듬감을 찾는 것이 필요하다고 하겠다.

그러나 노래를 잘 부르기 위해서는 자신감이 가장 중요하다. 비록 노래점수가 낮게 나오거나 주변사람들이 내가 부르는 노래를 좀 지겨워하더라도 나는 잘 부를 수 있다는 자신감을 키우는 긍정적인 자세가 우선 필요한 것이다. 이렇게 먼저 정신적인 준비를 한 후 앞에서 말한 노래 잘 부르는 방법을 따라 해보면 좋을 것이다. 즉, 꾸준한 발성연습을 통해 목소리의 발성이나 음정을 개선하고 폐활량을 키우는 쉼 호흡법을 익히며, 덧붙여 마이크 잡는 방법이나 노래 부르는 위치를 교정한다면 어떤 노래방을 가더라도 제대로 된 점수를 얻는 성과를 올릴 수 있을 것이다.

소리이야기 27

잠을 깨우는 소리

사람이 한평생 살아가는 동안 잠을 자는 시간을 합쳐보면 우리 인생에서 거의 1/3을 차지한다고 한다. 그만큼 잠을 잔다는 것은 우리에게 중요한 문제인데 이처럼 중요한 수면을 우리가 원하는 대로 조정할 수만 있다면, 일 효율과 생산성이 높아질 뿐만 아니라 활기 또한 넘쳐날 것임은 당연하다.

수면을 어떻게 조정할 수 있을까? 무엇보다도 언제 어디서든 잠을 자고 있어도 내가 원하는 시간에 쉽게 깰 수 있으면 가장 좋을 듯하다. 우리 연구팀에서는 언젠가 KBS 아침방송을 통해 잠을 깨우는 다양한 방법에 대해 실험한 적이 있었는데, 사람의 목소리 중에서는 어떤 소리보다 엄마의 목소리로 "일어나라!"고 말하면 가장 효율적임이 밝혀졌었다. 그 목소리가 크든 작든 상관이 없었는데 그 이유는 아무래도 엄마의 목소리가 들렸는데도 이불속에서 버티다보면 곧 이어질 엄마의 여러 가지 후속책(?)에 대한 두려움 때문이 아니었나 싶다.

또 다른 방법은 인간의 뇌파에서 나오는 소리들 중 베타파를 포함하는 소리를 들려주는 방법이다. 인간의 뇌파는 수면 중에는 보통 알파파에서 세타파를 거쳐 델타파를 내는 데 에너지가 집중되는 것으로 알려져 있다. 이때 외부에서 활동적인 뇌파인 베타파 이상의 소리가 들려온다면 수면 중에도 뇌파가 점차 이에 동조하면서 활동적으로 변하므로 잠에서 깰 수가 있다.

뇌파를 유도하는 실제 예로 매미소리가 있다. 매미는 몇 년 동안 애벌레로 살다가 한 달간 성충으로 지내는데 이 기간 동안에 짝짓기를 해야만 하므로 계속 울음소리를 내게 된다. 곤충학자들은 매미가 빛과 온도에 민감하기 때문에 야간에도 밝은 도심에서는 매미의 소리가 소음으로 나타나게 되고, 온도가 높아지는 열대야가 되면 매미소리는 더 크게 들린다고 한다. 대부분의 사람들이 실제로 경험했겠지만, 날이 훤해지는 새벽에 방충망 창에 붙어있는 매미 한 마리의 소리가 우리의 단잠을 깨워버린다. 참매미의 /맴 맴 맴 매~/ 소리에서는 /매~/할 때의 소리성분이, 그리고 말매미의 경우에는 /찌르륵~/거리는 소리성분 중에서 특히 유리창이나 인체의 피부를 쓸어내리는 듯 나는 소리가 20~40 헤르츠의 변조 음으로 들리는데, 이 소리가 수면 중인 인간에게 베타파를 유발하여 수면을 방해하고 잠자리에서 우리를 일으키게 되는 것이다.

해외여행을 가면 호텔숙소에 알람시계 겸 라디오가 방마다 배치

인간의 뇌파는 상황에 따라 파동과 크기가 서로 다르게 나온다.

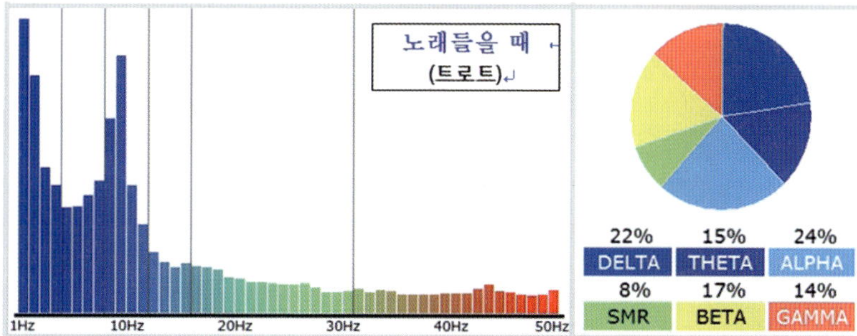

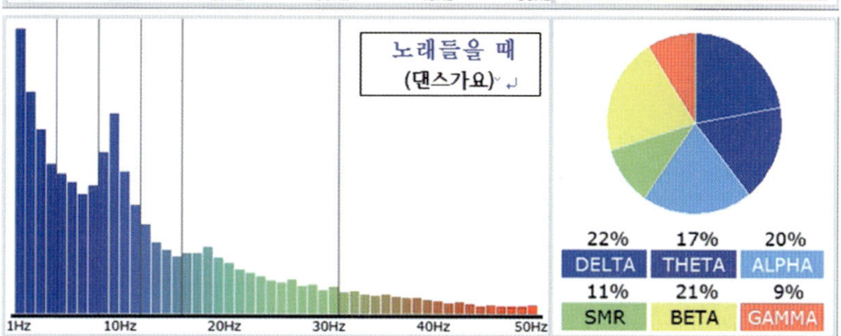

되어 있었는데, 시간을 맞추면 부저소리나 라디오 소리가 나온다. 부저로 선택해놓으면 전신주 아래서 들리는 소리 같은 /웅~/하는 소리가 나면서 쉽게 잠을 깰 수 있다. 이 부저소리는 가정용 전기의 전압을 낮춰서 만들어내기 때문에 미국, 캐나다에서는 60 헤르츠의 배음을 사용하고, 호주나 일본에서는 50 헤르츠의 배음의 부저소리가 나온다. 이 역시 뇌파의 베타파를 유발하는 소리라서 우리를 수면상태에서 벗어나게 하는 소리가 된다.

그 외에도 비슷한 소리의 예를 들어보면, 소파에서 자고 있는데 누군가 진공청소기를 사용하여 거실바닥을 청소하고 있다면, 소파에 그대로 머물면서 잠을 청할 수는 없을 것이다. /윙~/하는 청소기의 소리가 수면을 방해하는 요인이기 때문인데, 단지 먼지를 흡입하는 큰소리 때문만은 아니다. 청소기 모터에 붙어있는 회전체가 공기를 빨아들이게 되고 이 공기가 필터를 통과하는 동안 먼지를 걸러내는데, 모터의 회전이 3600rpm(분당회전속도)이면 1초에 60번 회전한다는 것이므로 청소기의 송풍기에서 나오는 소리는 바로 60 헤르츠의 배음이 된다. 이 배음은 수면을 방해하는 소리성분이며 뇌파의 하이베타파에 버금가는 주파수를 갖고 있다.

잠을 깨우는 소리가 실제 뇌파에 어떻게 작용하는지를 알아보기 위해 10명의 남녀실험자에게 뇌파측정 및 분석을 해보기로 했다. 먼저 아무런 소리도 들려주지 않은 채 눈을 감은 상태에서 뇌파를 측정하여 현재 처해있는 환경에 대한 뇌파의 기준치를 구하였다. 그리고는 말매미소리, 알람의 부저소리 등 여러 소리를 들려주면서 뇌파를 분석해 보았다. 평상시에는 알파파와 로우베타파 위주로 뇌파의 에너지가 몰렸으나 잠을 깨우는 소리가 들렸을 때는 알파파나 세타파 위주로 뇌파의 에너지가 몰리는 현상이 발생하였다. 즉, 외부에서 베타파와 유사한 소리가 들리면 우리의 뇌는 외부의 소리에 관심을 집중하게 된다는 것이 실험을 통해 입증되었다.

다음은 소리의 성분이 스트레스지수에 어떤 영향을 주는지 실험을 통해 확인하였다. 10명의 피 실험자들이 눈을 감고 편안히 있을 때의 스트레스지수를 측정해 보니 10점 만점에 평균 5.4점이 나왔

① 새소리를 들으면 잠을 잘 자지 못한다.
② 알람시계의 부저소리는 잠을 깨우는데 효과적이다.
③ 말매미가 내는 /찌르륵~/ 소리는 잠을 깨우는데 효과적이다.
④ 수면을 방해하는 소리는 스트레스를 증대시킨다.

다. 이후 잠을 깨우는 말매미소리를 들려주었더니 스트레스지수가 7.8점으로 증가하였고, 알람의 부저소리를 들으면 6.3점으로 증가되었다. 따라서 뇌파의 베타파에 준하는 소리가 주변에서 들리게 되면, 그 소리 쪽으로 관심이 집중되면서 자극적인 스트레스로 인식하게 된다는 것이고, 그래서 자다가도 벌떡 일어나게 되면서 잠에서 깨게 된다는 의미로 파악되었다.

요약하면, 우리 인생의 삼분의 일이나 차지할 정도로 많은 수면시간을 개인의 필요에 따라 조절하기 위해서는 잠을 깨우는 소리를 보다 효율적으로 사용하는 것이 필요하다. 잠을 깨우는 소리에는 알람시계의 부저소리나 매미소리, 새소리 등이 있는데, 이 소리들은 인간의 뇌파 중 베타파에 준하는 소리여서 수면 중에도 우리의 관심을 유발하고 또한 스트레스를 극대화 시키게 된다. 자신에게 잘 맞는 수면퇴치 소리를 찾아 실생활에 활용한다면 과학적인 생활리듬을 유지할 수 있을 것이다.

소리이야기 28

물에 빠져도 소리가 들려요

여러분도 그렇겠지만 필자는 어렸을 때 종이컵을 이용하여 전화놀이를 해본 경험이 있다. 종이컵에 대고 말을 하면 혼(horn) 효과에 의해 컵 안에서 소리가 모아져서 크게 확성되고, 이때 종이컵 바닥의 넓은 판 부분이 진동판으로 작용하여 떨림에 따라 진동한다, 여기 밑판 중앙에 실을 연결하면 소리떨림이 실에 전달된다. 실을 어느 정도 팽팽하게 댕겨서 상대방 종이컵 전화기의 밑판 중앙에 연결하면, 소리가 그 밑판을 진동시키면서 진동판 작용을 하게 되고, 그 소리가 종이컵 내에 울리면서 확성되어 큰 소리로 잘 들리게 된다.

소리는 기체보다 액체나 고체를 통과할 때 멀리까지 잘 전달된다. 종이컵 전화기 사이를 실로 연결했을 때보다는 동선(copper

① 종이컵 전화기는 실을 통해 소리가 전달되는 원리로 작동된다.
② 수중 발레리라는 물속에서도 소리를 듣는다.

wire)을 연결했을 때 훨씬 더 멀리까지 전달되고, 잘 들린다. 그것은 기체인 공기보다는 실이나 동선(구리줄)과 같은 고체를 통해 소리가 전달되면 손실이 줄어들고 전달성 또한 좋아져서 상대방이 멀리 있어도 종이컵 전화기의 목소리를 명료하게 알아들을 수 있기 때문이다.

실제로, EBS 방송 〈사이펀의 과학실험〉 프로그램에서 우리 연구팀이 자문해주었던 실험내용에 의하면, 종이컵 전화기에 실을 연결한 경우 목소리가 150m까지 전달되었지만, 구리줄을 연결하면 한강을 가로지를 정도로 긴 거리인 1km까지도 목소리가 전달되었다. 다만 줄의 길이가 길어지면 실보다는 구리줄이 무거운 관계로 중간 중간에 소리 떨림에 영향을 주지 않는 부드러운 스펀지로 만든 지지대를 100m 간격으로 설치해줘야만 했다.

호주의 남서부에 위치한 퍼스라는 곳에 가면 킹스파크 공원이 있다. 공원 중앙에는 타원형으로 둘러진 화단 조형물이 콘크리트로 만들어져 있다. 언제부턴가 사람들은 이 조형물을 속삭임의 벽이라 부르고 있다고 한다. 그 이유는 콘크리트 조형물이 50m 길이로 화단을 둘러싸고 있는데, 왼쪽 끝에서 이야기 할 때 반대편 오른쪽 끝에 서있으면 마치 내 귓가에 속삭이는 듯 그 목소리가 뚜렷하게 들리기 때문이다. 이것은 타원 구조물에서 주로 발생하는 소리의 전달특성으로 인한 현상으로, 타원 구조물은 소리파형을 잘 전달하기 때문에 소리도파로(wave guide)라고 한다.

소리도파로의 원리는 타원형의 한쪽 벽에 대고 말을 하면 소리파동이 담 벽을 따라서 반사를 계속하면서 진행한 후 반대편 끝에 전달되는 것이다. 따라서 거리가 떨어져 있어도 마치 옆에서 소곤거리는 말처럼 들리게 된다. 실제로 실험을 해보니, 어떤 구조물도 설치하지 않은 상태에서 한 사람이 말을 했을 때 1m 거리에서 들으면 75dB의 소리 크기였으나, 30m 떨어진 거리에서는 50dB 이하로 작아지면서 주변소음에 묻혀버려 무슨 말인지 거의 알아들을 수가 없었다. 그렇지만, 속삭임의 벽과 같은 타원형 구조물에 대고 말을 했을 때는 65dB 크기로 충분히 알아들을 수 있는 소리로 나타났다.

그렇다면 액체 속에서도 소리가 잘 전달될 수 있을까? 수중 발레

호주 퍼스시의 킹스 공원 내에 있는
〈속삭임의 벽〉

리나들은 음악에 맞춰 율동을 해야 하는데, 물속에 별도의 스피커를 설치하지 않아도 밖에서 연주되는 음악소리를 물속에서 듣고 그 음악에 맞춰서 율동을 하게 된다. 사람이 물에 빠졌을 때에도 물 밖에서 웅성거리는 소리가 물속에서도 들리게 되는데, 물속에서는 소리 전달이 더 빠르고 소리손실도 별로 없어서 오히려 물 밖에서보다 멀리까지 잘 들을 수 있다.

사실 사람들이 물속에서 소리를 듣는 경험은 태아시절부터 시작된다. 인간의 오감 중에서 가장 먼저 갖게 되는 것이 청감인데, 임신 5개월이 되면 태아는 소리를 느낄 수 있다고 한다. 이때 엄마의 뱃

속에 있는 양수 속에서 귀 고막 없이 청감세포로 소리를 느끼게 되는데, 바깥에서 소리가 들리면 엄마의 배 표면이 소리진동판이 되고 양수에 소리가 전달된다. 그리고 양수 속에서 소리가 윙윙거리면서 태아의 귀에 전달된다. 물론 이때 태아에게 들리는 소리는 뚜렷하지 않지만 박자리듬과 음의 고저는 전달된다.

사람뿐만 아니라 동물들도 고체 속을 뚫고 전달된 소리를 듣는다. 지하철 공사장 가까이에 양식장이 있었는데, 공사 충격음이 땅을 타고 크게 전달되면서 충격음에 놀란 고기들이 떼죽음을 당한 사례가 보고되기도 했다. 지하층에 살고 있는 사람들도 주변 공사장에서 들리는 쿵쿵거리는 충격음에 스트레스를 받거나 수면장애를 일으키는 경우도 많다. 이처럼 흙이나 콘크리트와 같은 고체를 통하면 소리는 손실 없이 더 잘 전달된다. 저 멀리 파키스탄에서 핵실험을 하게 되면 지하로 소리가 전달되어 4,000km 떨어져있는 서울에서도 그 폭발음을 지진계로 측정할 수 있는 것도 바로 이 때문이다.

요약하면 서로 멀리 떨어져있는 두 사람이 대화를 하려면 소리가 매질을 타고 상대방에게 잘 전달되어야한다. 이때 두 사람 간에는 공기 매질보다는 액체나 고체가 놓여 있는 경우가 소리를 훨씬 더 멀리까지 전달할 수 있다. 따라서 우리 생활 주변에 있는 타원형 담벼락에 대고 소리를 지르거나 두드리는 방법으로 소리를 잘 전달하면 멀리 떨어져있는 사람이 내 소리를 잘 들을 수 있고 나 또한 상대가 내는 소리도 잘 들을 수 있으니, 이를 생활의 지혜로 삼아 소리를 보다 효과적으로 사용해 보기로 하자.

소리이야기 29

소리 키우는 법

KBS 방송 〈스펀지〉 팀의 프로그램 게시판에 제보로 올라온 내용에 대해 자문 요청이 들어왔었다. 휴대폰이나 스마트폰으로 음악을 듣고자 할 때, 볼륨을 최대로 올려도 소리가 작게 들린다고 생각한다면, 그래서 소리를 키우고 싶다면, 빈 종이컵에 휴대폰을 넣으면 된다는 제보였다. 휴대폰의 볼륨만으로는 휴대폰을 가까이에 놓고 2명 정도가 조용한 곳에서 들을 수 있는 정도였으나, 휴대폰을 종이컵에 넣으면 1m 반경 내에 있는 사람들 4~5명이 모두 같이 휴대폰에서 나오는 소리를 제대로 즐길 수 있을 정도라는 제보였다. 실제로 종이컵에 휴대폰을 넣으면 소리를 키울 수 있으니 이는 맞는 제보이다.

이처럼 별도의 스피커나 앰프 없이도 생활주변에서 발견할 수 있는 용기나 혹은 손쉬운 방법을 사용하여 소리를 키울 수 있다. 먼저 양손을 귓바퀴에 대면 귀로 들어가는 소리가 모아져서 멀리서 들리는 말이 커지게 되는데, 특히 특정방향에서 들리는 소리를 잘 듣게 된다. 이처럼 소리를 모아서 크게 증폭하는 원리를 소리의 혼(horn) 울림효과라고 하는데, 스카이라이프 위성방송을 수신할 때, 하늘에 떠있는 위성체(transponder)에서 보내오는 전파파동을 타원형 파라보라 접시로 모아서 안테나에 전달하는 원리와 동일하다.

생활용기 중에서 흔하게 사용하는 세숫대야를 사용해도 쉽게 소리를 키울 수 있다. 소리는 사방으로 퍼지기 때문에 상대방과 10m만 떨어져 있어도 서로 대화하기가 힘들다. 이때 세숫대야를 사용해서 소리를 키울 수 있는데 30m 이상 떨어져서 서로 마주본 후 세숫대야에 대고 말을 하고 귀를 기울이면 보다 쉽게 대화를 나눌 수 있다. 즉, 대야에 대고 말을 하면 소리가 울려서 확성기 역할을 하게 되고 대야의 테두리는 오목거울 역할을 하면서 소리를 모아 넓은 면적의 공기 중으로 소리를 전파시킨다. 전파된 소리는 상대의 세숫대야에서 다시 모아지게 되고 이 소리는 대야 안에서 다시 울려 크게 들리게 된다.

모양은 다르지만 어린이들이 유원지나 놀이터에서 손에 잡고 있는 풍선도 소리를 모아서 멀리까지 전달하는데 유용하게 쓰일 수 있다. 풍선은 원형이나 타원형 보다는 넓적한 사각형이나 하트모양이 소리전달효과는 더 좋은 편이다. 풍선에 공기가 가득차면 고무나 플라스틱 표면이 팽팽해지는데, 그 표면에 대고 말을 하면 풍선표면은 넓은 진동판으로 작용하여 소리를 크게 떨리게 하고, 그 소리는 풍선 속에서 통 울림을 유발하여 큰 소리로 울리게 한다. 이 떨림이 넓은 면적의 풍선 표면 진동판을 통해 공기를 진동시키게 되고 먼 거리에 있는 상대방 풍선의 표면에 닿아서 소리 떨림을 일으킨다. 이 떨

종이컵에 휴대폰을 넣으면 소리가 커진다.

림 소리는 다시 풍선 속에서 통 울림소리로 확성되어 상대방의 귀에 크게 잘 전달되는 것이다.

전라남도 강진의 작은 마을 뒷산에는 옛날부터 호랑이 굴이 있었는데, 요즘도 그 굴에서는 12시와 오후 6시에 호랑이 울음소리를 들을 수 있다. 몇 년 전 마을 야산에 살고 있었던 멧돼지가 이 마을에 자주 출현하여 밭농사와 과일 농사를 수시로 망가트리고 있었다. 멧돼지를 퇴치하기 위해 허수아비를 흔들거나 총을 쏴 보았지만, 별 효과가 없었다. 궁리 끝에 마을 이장님이 녹음된 호랑이 울음소리를 마을 뒷산에 있는 호랑이 굴에서 하루에 두세 번씩 틀어주고 있었고 다른 어떤 방법보다 효과를 거두고 있다고 한다.

이 때 소리를 발생하는 카세트 플레이어와 스피커를 밖에 노출하지 않고 호랑이굴 안에 있는 큰 드럼통에 넣은 후 소리를 들려준 의도는 기계장치가 비를 맞지 않도록 하기 위함이었고, 혹은 야외에 노출될 경우 다른 야생동물들이 파손시킬 가능성에 대처하기 위함이었다. 그러나 이 과정에서 호랑이 울음소리는 더 크고 웅장하게 들리는 결과를 가져왔다. 일반적인 호랑이 울음소리는 7~15 헤르츠의 저음을 기본음으로 하는 소리로 500 헤르츠 이하의 목소리울림이 125dB일 때 아주 크게 들리게 된다. 이장님은 플레이어와 스피커를 보호하기 위해 드럼통에 넣었겠지만, 그 결과 호랑이 울음소리를 통 안에서 크게 울리게 하여 확성시키는 효과를 가져왔다. 특히 호랑이 굴은 50 헤르츠 이하의 초저주파 음을 크게 키우기에 적절한 장소였다.

결국 저주파 성분이 드럼통에서 크게 키워지고 동굴 안에서 다시 확성되어 나오면서 마을 전체에 호랑이 울음소리가 우렁차게 울리게 되었고 이에 주변의 멧돼지들은 겁을 먹게 되었다. 특히 초저주파의 동굴울림소리는 주변에 사는 동물들의 척추나 촉감을 자극하여 울음소리의 장엄함을 느끼게 하여 민가로의 접근을 막아주는 효과가 있다.

우리주변에는 여기저기서 많은 소리가 들려온다. 물론 좋은 소리

① 귀에 손을 모으면 소리가 잘 들린다.
② 세숫대야를 이용하면 멀리까지 의사소통이 가능하다.
③ 어린이가 좋아하는 풍선도 소리울림을 유발한다.
④ 호랑이울음소리로 멧돼지를 퇴치한 전남의 한 마을에 설치된 스피커

도 있지만 때로는 듣기 싫은 소리도 있다. 꼭 들어야만 하는 소리인데도 크기가 너무 작아서 듣기 힘들 때도 있다. 이때 잘 들을 수 있도록 소리를 키우고 싶다면 종이컵, 그릇, 세숫대야, 통 등의 생활도구에서 소리 울림효과를 응용해보자. 소리를 잘 듣고 제대로 즐기기기 위해 생활의 지혜를 발휘해 봄 직하다.

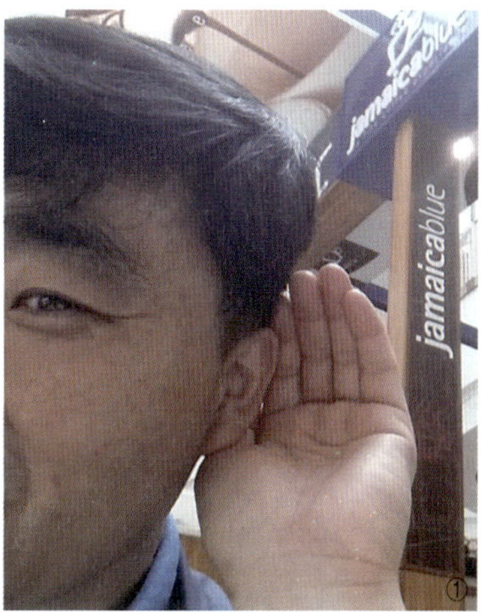

①

②

③

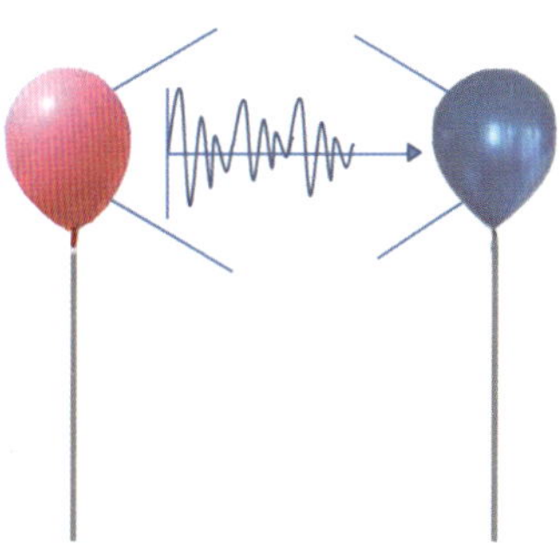

④

소리이야기 30

아빠가 범인이 아닌가요?

목소리에 대한 참신한 소재와 구성으로 인기를 끌면서 여타 쟁쟁한 외국작품을 물리치고 관객동원 1위를 차지하고 있다는 신인감독의 영화 〈공범〉을 소리공학연구팀과 함께 보러갔었다. 아빠 역할을 한 배우 김갑수의 36년 연기력이 빛을 발하고 있었는데 그 목소리가 부드럽고 인자하면서도 인상적이었다. 게다가 사건 진행이 숨 가쁘게 이어지면서 반전에 반전을 거듭하는 시나리오의 각색능력 또한 돋보이는 수작이었다. 정말 흥미진진하게 만들어진 재미있는 영화를 오랜만에 보게 되었다.

영화의 줄거리는 대략 다음과 같다. 유괴살인범의 공소시효인 15년이 얼마 남지 않았을 때 사건에 대한 영화 〈악마의 목소리〉가 개봉되면서 공소시효가 만료되기 전에 살인범을 잡을 수 있을까에 대해 전 국민이 관심을 갖고 있던 중 유일한 증거로 남아있던 유괴범의 15년 전 전화목소리가 영화 속 영화를 통해 전 국민에게 공개된다. 마침 영화를 보고 있던 딸의 귀에는 유괴범의 목소리가 아빠의 평소 말투와 비슷했고 내용 또한 친숙한 내용이었다. 혹시나 하는 마음에 아빠에 대한 뒷조사를 몰래 하는 과정에서 아빠는 경찰에 체포되었고, 아빠의 목소리와 유괴범의 목소리를 수사팀에서 비교 분석하였으나 불일치로 판정받아서 풀려나오게 된다. 목소리 외에 남모르는 한 가지 증거가 더 있었기에 의심이 사라지지 않았던 딸은 아빠를 몰아세우면서 극적인 반전을 노린다는 결말이었다.

그동안 목소리 성문감정을 통해서 범인검거를 위한 과학적인 분석과정에 종종 참여를 해보았었던 소리공학연구소의 연구팀원들은 이 영화를 보면서 기분이 별로 좋지 않은 눈치였다. 그건 필자도 마찬가지였다. 비록 픽션을 가미한 허구적인 영화라 할지라도 과학적인 검증이나 설득력이 부족했었다는 점에 실망한 것이다. 딸에게 헌신하는 아빠를 의심하게 만든 범인의 목소리는 평범한 관객의 귀로 듣기에도 아빠의 목소리와 상당히 일치했다. 그런데 아무리 시간에 쫓긴다 해도 공소시효 만료 전에 성문분석을 했음에도 불구하고 결과적으로 범인입증을 할 수 없었다는 것이 우리가 실망을 한 첫 번째

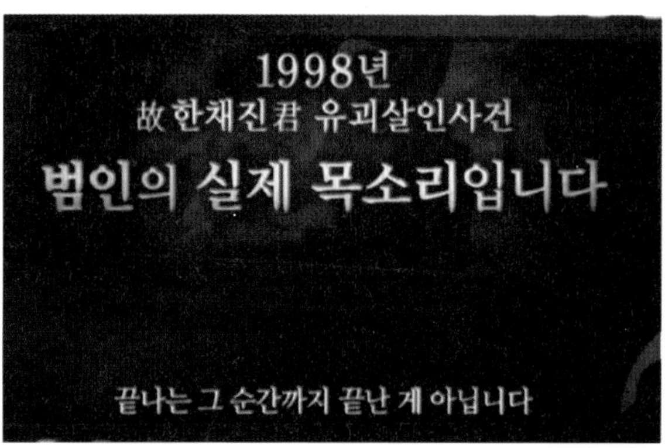

목소리라는 주제로 흥행에 성공한 영화 〈공범〉의 포스터

이유였다. 사실 이는 오늘날의 IT강국을 자처하는 우리나라에서는 말도 안 되는 상황이기 때문이다.

실제로 범인의 목소리와 아빠의 목소리가 성문분석에서 다르게 나올 수 있는가를 살펴보기 위해 영화 예고편에 수록된 범인의 전화통화 목소리 7초 분량과 그리고 영화에서 아빠로 나오는 김갑수의 극중 목소리와 인터뷰 목소리를 30초 정도의 분량으로 모아서 성문비교 감정을 해보았다. 먼저 두 목소리에 함께 나오는 배경음악이나 배경잡음을 제거하였고, 0.1초 단위로 소리성분 분석을 하여 주파수의 평균스펙트럼을 비교하여 보니 96%의 일치율이 얻어졌다.

90% 이상이면 두 목소리는 동일인으로 판명된다. 사실 골격이 유사한 쌍둥이의 목소리의 경우에도 일치율이 95% 이상이면 귀로만 들어도 분명히 구분할 수 있는 정도인데, 96%의 일치율을 영화 속의 성문분석가들은 왜 판정하지 못한 것이었을까? 물론 그 시점에서 범인이 잡혀버리면 영화 스토리가 단순해지고, 그래서 관객의 호응을 받지 못할 수도 있었을 것이다. 반면 이 영화를 본 범인들은 큰 소리로 말할 것임에 분명한데, "거봐. 아무리 전화로 협박을 하고 목소리를 남겼어도 결국은 증거가 될 수 없어"라고 섣부른 판단을 해버릴 지도 모른다.

① 파이프를 통해 나오는 소리는 그 길이에 비례해 서로 다른 소리가 나오는 것처럼 목소리를 분석해보면 그 사람의 목의 길이와 신장을 알 수 있다.
② 성문스펙트럼을 분석하면 노화에 따른 연령대를 알 수 있다.
③ 목소리는 목구멍, 턱, 치아를 지나면서 고음의 스치는 공명음을 유발한다.
④ 오늘날 IT기술은 소리를 눈으로 보고, 손으로 잡거나 만질 수 있게 해준다.

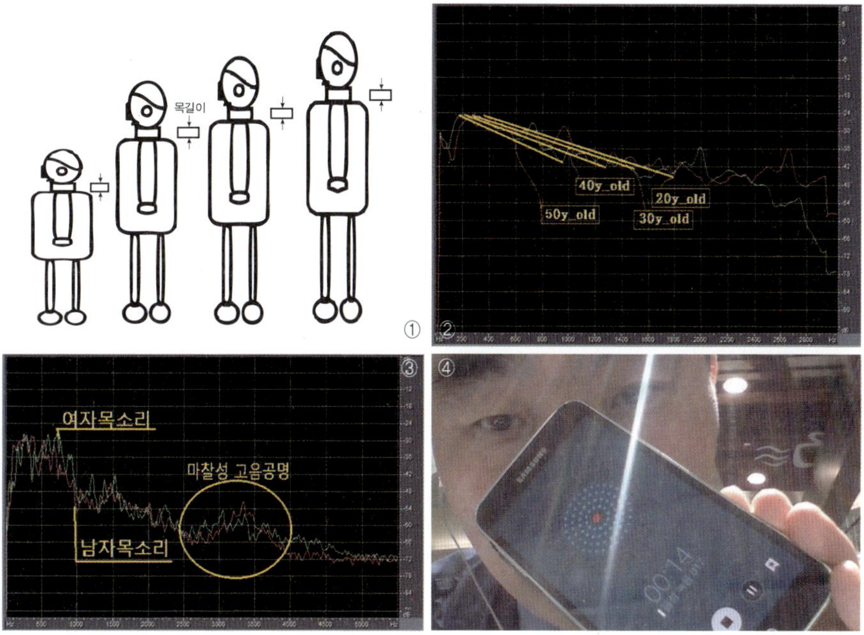

성문분석을 하는 소리공학전문가로서 이 글을 통해 절대로 그렇지 않다는 것을 분명히 알리고 싶다. 관객이나 딸이 듣기에도 비슷한 목소리인데 과학수사팀이 잘못 분석해서 범인을 놓친 것이 아니라, 다만 영화의 묘미와 흥미를 살리기 위해 과학적인 사실을 묵인해 버린 것이라는 점이다.

영화가 놓친 또 하나의 과학적 사실은 목소리의 연령에 있다. 범인의 협박전화 녹취에서 나오는 목소리 연령은 목소리의 노화 측면에서 볼 때 아빠의 목소리 연령과 비슷하게 나오고 있었다. 15년 전의 범인 목소리라면 분명 더 젊거나 심지어는 어린 목소리여야 하는데 지금 주인공의 목소리를 녹음한 후 약간의 편집과정만을 통해 범인의 목소리로 사용했다는 점은 과학적인 사실을 무시한 내용이다.

목소리는 우리 신체 중 목구멍을 통해서 나오기 때문에 범인의 목소리를 분석해 목의 길이를 추정할 수 있는데, 이때의 목 길이는 범인의 신장을 측정하는 중요한 요소로 작용한다. 즉, 목소리에서는 목에서 울리는 저음의 소리를 분석하면 목의 길이를 측정할 수 있고, 성문분석결과 범인과 아빠의 목소리는 동일한 신장으로 나타났다는 사실도 빼놓을 수 없다. 따라서 사건이 일어났을 때 목소리만 제대로 분석을 해도 범인의 신체적 특징을 어느 정도 추정할 수 있었을 거라고 말할 수 있다.

또한 유괴범의 목소리를 들어보면 배우 김갑수씨의 목소리에서 나오는 독특한 복합음을 들을 수 있는데, 유난히 코 소리가 많이 나온다. 목소리는 입을 통해서도 나오지만, 코 속의 울림에 의해서도 다양한 복합 음을 만들어 낸다. 코 울림소리는 목소리의 음폭 일부를 교란시켜 부드러운 소리의 복합 음을 만들어 주는데 바로 주인공 김갑수씨의 목소리가 부드럽게 들리는 이유가 여기에 있다. 영화 속 범인의 목소리에 포함된 비음의 비율이 아빠의 목소리와 유사한 분석결과를 보면 목소리를 아무리 각색한다 해도 그 속에 나타나는 목소리의 부드러움은 감출수가 없었던 모양이다.

영화를 제작하면서 범인의 목소리를 만들 때 또 한 가지 간과한 사실은 15년 전의 턱과 치아의 구조를 지금과 동일하게 만들었다는 것이다. 이러한 사실을 미리 알고도 그리 했었는지는 알 수가 없지만, 아무리 범인의 신체가 강건하여도 15년 전의 치아구조가 지금과 똑같을 수는 없다. 이가 빠질 수도 있거나 치아 치료도 했을 것인데, 치아구조에서는 변화가 전혀 감지되지 않았다는 사실이다. 목소리는 허파의 공기가 목을 타고 나오면서 피부 스치는 소리를 다양하게 내게 마련이다. 그런데 발성을 하면 입모양이나 크기를 변화시켜야 하므로 이때 턱이나 치아 스치는 소리가 목소리의 고음특성을 지배하게 된다. 따라서 고음특성이 범인과 아빠의 목소리에서 동일하게 나타나고 있다는 것은 두 사람이 동일인이라는 속일 수 없는 증거자료가 된다.

요약하면, 오늘날 한국의 목소리 성문감정기법은 IT기술을 이용하여 상당히 발전된 수준이고 따라서 범인을 과학적으로 검거하는데 결정적인 증거단서로 활용되고 있다. 영화 〈공범〉에서는 흥미위주로 영화를 제작하는 과정에서 과학적인 분석기술을 우둔하게 만들었으나 물론 그것은 극본에 따랐을 뿐이라고 짐작한다. 눈에 보이지 않고 손에 잡히지 않는 소리를 오늘날의 과학기술은 눈으로 보이고 손으로 잡히게 만들어 결정적인 단서로 제공하고 있다는 사실을 충분히 알고, 앞으로는 이러한 성문감정 IT기술이 많은 사람들에게 더 많은 보탬이 될 수 있기를 기대해 본다.

소리이야기 31

휴대용 블랙박스가 필요하다

국토는 넓지 않고 인구는 많아 어디를 가도 북적대는 한국에서 나름대로 열심히 살아가던 의사가 고심 끝에 노후를 편하게 지내기 위해 뉴질랜드로 이민을 갔다고 한다. 처음엔 낯설고 어색했지만, 몇 개월이 지나자 정말 조용하고 편안한 생활이 즐겁기만 했다고 한다. 낚싯대를 메고 강가나 바다에 나가 어느 곳이든 미끼를 끼워 던지기만 하면 수없이 올라오는 물고기에 탄성을 지르면서 사는 재미가 있었다고 한다. 또한 한국에서는 골프장에 직접 나가 그린을 밟으며 운동을 하는 것이 경제적으로도 시간적으로도 어려웠지만 그곳에서는 손수레에 골프가방을 싣고 직접 끌고 다니며 저렴하게 골프를 치는 재미도 괜찮았다고 한다.

① 초저녁이 되면 도심은 적막감에 휩싸인다.
② 서울의 밤거리는 늦은 시간에도 불야성을 이룬다.

그러나 시간이 지나면서 오후 서너 시만 되면 아무 일도 없이 조용하게 하루를 마감하게 되면서 조금씩 심심해졌고, 그런 생활이 1년이 지나자 생활에 활기가 없어지면서 점차 서울의 거리를 그리워하게 되었다. 그는 또 한 번의 고민 끝에 조용한 천국보다는 활기찬 지옥에서의 생활이 더 재미있고 행복하다고 판단, 역이민을 추진하게 되었다.

그렇지만 활발한 지옥(?)이라는 현실에서 살아가는 우리의 일상생활은 재미를 느낄 여유가 없는 것이 사실이다. 낮이든 밤이든 거리를 걷다보면 별별 사건사고에 접하게 된다. 멀쩡하게 가던 자동차가 갑자기 나를 향해 돌진해 오기도 하고, 오토바이가 옆을 쌩하고 지나쳐 금방이라도 부딪칠 듯하고, 복잡한 버스나 지하철에서 일어나는 이런저런 사건사고는 일상적으로 우리에게 일어난다. 특히 밤거리를 걷다보면 뒤따르는 발자국 소리가 들리거나 그림자가 보이면 겁을 먹게 되고, 어디선가 날라 오는 정체모를 물체에 맞아 피를 흘리기도 한다. 게다가 음주를 즐기는 사람은 취한 상태에서 자신이 무슨 일을 했는지 주변에서 어떤 일이 발생했었는지 도무지 알 길이 없기에 누군가 나타나 어제 밤 당신이 나한테 행패를 부렸다고 주장하면 속수

무책으로 당할 수밖에 없다.

이처럼 일상생활을 살다보면 뜻하지 않게 실제 일어난 일에 대한 증거를 보여줘야 할 경우가 빈번하게 유발된다. 누구랑 말다툼이 벌어져서 다투어도 그 시시비비를 가리려면 증거가 있어야 하는데, 말로만 다투었기에 사건 현장에는 증거가 거의 남아있지 않다. 버스나 택시를 타고 가는 경우에도 상대방이 폭언이나 추행을 했다고 주장하면 이를 반박할 근거가 없어서 그냥 억울하게 당하고 마는 경우가 대부분이다. 따라서 이럴 때를 대비하여 개인 휴대용 블랙박스가 필요하다.

필자도 자칫 억울한 누명을 당할 뻔한 사고가 있었으나, 휴대용 블랙박스 덕분에 위기를 모면한 적이 있었다. 사고를 당한 것은 십여 년 전의 일이니 자동차에 블랙박스가 장착되기 이전이었다. 차를 운전해서 학회를 가기위해 삼거리에서 신호를 받아 좌회전하고 있었다. 그때 신호를 무시하고 진행하던 차 한 대가 내 차의 우측을 스쳤고, 결국 범퍼를 교체해야만 하는 정도의 접촉사고가 발생하였다. 차를 세운 후 휴대용 녹음기를 미리 작동시킨 후 상대방이 볼 수 없게 지참하고 차에서 내려 왜 그랬냐고 상대방에게 물어 보니 급한 일이 있어서 신호를 무시한 자신의 잘못이니 100% 과실처리해주겠다고 하였다. 그러나 며칠 후가 되자 상대방의 보험회사로부터 연락이

① 사고가 발생했을 때 증거(블랙박스)가 없으면 목소리가 큰 사람이 이긴다고들 한다.
② 스마트폰은 개인용 블랙박스로 사용될 수도 있다.

오더니 쌍방과실이므로 30%는 필자의 책임이라고 주장하는 것이 아닌가. 이때 필자가 당시에 상대방이 과실을 인정한 말을 녹음해 두었다고 하였더니, 금방 미안하다고 하면서 100% 변상하겠다고 태도를 바꾸었다.

물론 휴대용 블랙박스에 기록되는 정보는 동영상이면 좋겠으나 배터리나 카메라 부착 등의 기술적인 제한성이 있으므로 소리만이라도 일정 시간 동안 녹음하는 것이 필요하다. 대신, 한번 녹음을 시작하면 24시간 계속하여 녹취하여야 하고, 특히 휴대가 간편하고 상대방의 눈에 띄지 않게 부착하는 것이 필요하다. 이런 방법으로 녹취된 내용의 공개는 당사자들의 프라이버시가 보호되면서 동시에 합법적이고 윤리적인 조건하에서 이루어져야만 한다. 즉, 사생활을 그대로 수록하는 것이므로 그 정보는 사생활 보호차원에서 다루어져야 하는데 그 이유는 법적인 보호자나 본인의 동의 없이 제 3자가 녹취기록을 확인하는 것은 불법이기 때문이다.

무엇보다도 휴대용 블랙박스는 상대방에게 노출되지 않는 곳에 부착되어야 한다. CCTV처럼 녹취장비가 비치되어 있다는 경고문이나 포스터를 부착하여 범죄자에게 경각심을 불어넣는 경우일지라도

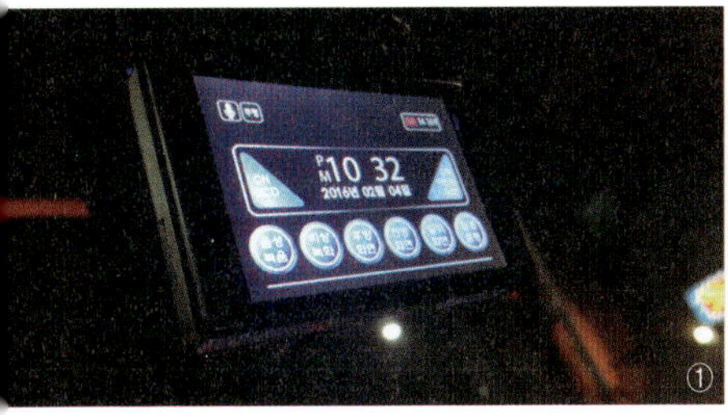

①

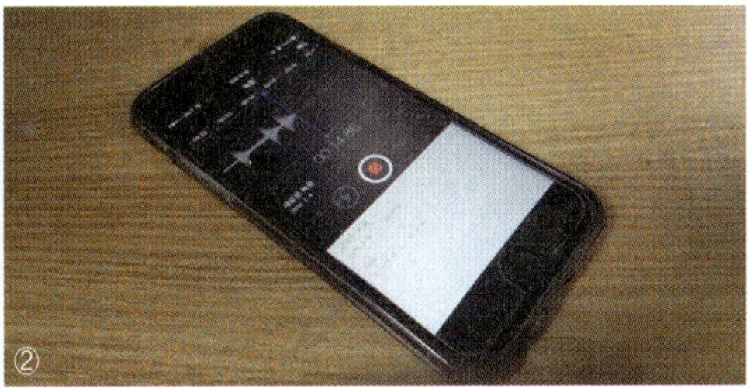

②

소리를 채집하기 위한 마이크로폰의 위치가 노출된다면 파손 당하거나 가려질 수 있기 때문에 상대방에게 노출시켜서는 안 된다. 그렇다고 해서 마이크로폰을 가방 깊숙이 넣어두거나 옷 속에 넣어두면 마이크로폰의 진동판이 가려져서 소리녹음이 잘되지 않을 수도 있다. 따라서 상대방에게 노출되지 않으면서 소리음질은 잘 유지되는 그런 비밀스러운 장소에 마이크로폰을 설치하는 것이 필요하다.

스마트폰을 휴대용 블랙박스로 사용하는 것은 어떨까? 스마트폰에는 기본적으로 녹음기가 장치되어있고, 메모리도 충분하므로 응용 소프트웨어(어플)를 다운로드하여 사용하면 가능하다. 그러나 배터리사용시간이 제한되어있고, 녹음 중에 전화나 문자가 오면 녹음이 중단될 수 있다는 단점도 있으므로 이를 고려해야만 한다. 특히 스마트폰을 범죄자에게 탈취 당하게 되면 중요한 증거가 소멸될 우려도 있다.

휴대용 블랙박스는 휴대기기의 메모리장치에도 소지자 주변의 소리를 계속하여 녹음, 저장하고 있어야 하겠지만, 가까운 무선기지국을 통해 녹음상황을 서버에 수시로 전송하여 기록해 두는 것이 필요하다. 휴대용 블랙박스에 수록되는 소리정보는 바로 보내도 되고, 수십 분간 모아서 일정한 간격으로 전송해도 된다. 이처럼 수집된 소리정보를 수록하여 하나의 서버에 저장해두면 시간이 한참 지난 후에도 문제가 되는 당시의 상황을 잘 증명해 줄 수 있게 된다. 이렇게 하면 휴대용 블랙박스 자체는 저장 공간이나 자료처리에 대한 부담이 줄어들어서 배터리 사용시간이 증가될 수 있고 장기간의 증거보전도 가능해진다.

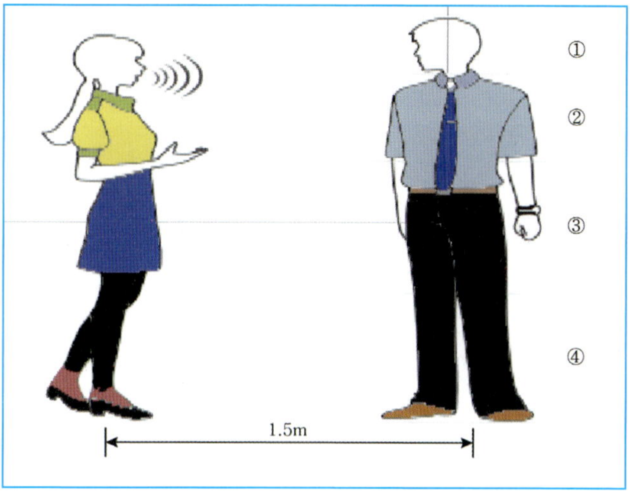

개인용 블랙박스의 소리녹음 구성도

요약하면, 복잡한 도시생활에서 누구나 불시에 그리고 쉽게 피해를 당할 수 있는 여러 가지 상황에 대처하기 위한 방법으로 소리를 기록하는 개인 휴대용 블랙박스를 새로이 제안하였다. 개인이 블랙박스를 휴대하고 있다는 사실만으로 상대는 개인의 사생활을 보호해 주려고 하며, 특히 상대방에게 함부로 대할 수 없다는 경각심을 일깨워주고, 일상생활에서 꼭 필요한 증거로 기록을 남길 수 있게 된다. 물론 무분별한 사용은 제한되어야하고 기록의 공개 또한 합법적이고 윤리적인 조건 하에서만 가능해야하겠지만, 무엇보다도 사생활 보호와 피해방지 및 생활기록이라는 측면에서 볼 때 휴대용 블랙박스는 그 필요성이 아주 높다고 본다.

소리이야기 22

토막살해범 오원춘 사건에서 얻는 교훈

중국 조선족 출신의 오원춘은 2012년 4월 1일 오전 수원시 지동에서 자신의 집 앞을 지나던 여성을 강제로 납치한 후 성폭행하려다 실패하자 감금한 후에 살해하고, 그 시신을 토막 낸 후 유기했다. 사건 발생 후 유족들은 "피해자가 감금 중에 112신고를 했는데도 경찰의 초동 수사가 미흡해 고귀한 생명을 잃게 됐다"며 국가를 상대로 손해배상을 청구했다. 재판부는 "경찰이 피해자를 찾기 위해 상당한 노력을 했다는 점은 인정되지만 기본적으로 주의 의무를 소홀히 했다고 판단되므로 국가의 책임이 인정 된다"고 하면서도 "경찰은 범죄를 막지 못한 책임이 있을 뿐이고 직접적인 사망원인은 가해자에게 있다는 점을 고려해 국가의 책임 비율을 30%로 제한한다"고 판결하

① 희대의 토막 살인사건의 범인 오원춘
② 〈오원춘 사건〉에서 감금을 당한 피해자가 휴대폰으로 경찰에 신고한 위치와 당시 범행 장소의 실내 평면도

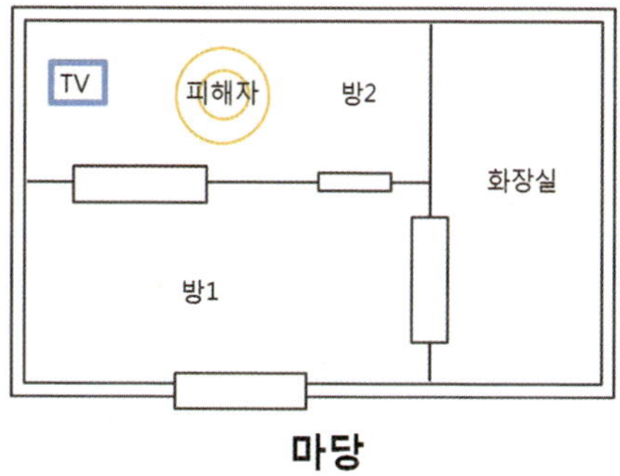

① ②

였다. 오원춘은 대법원에서 무기징역 확정 선고를 받았다.

이 사건은 대한민국의 수도권에서 한 선량한 여성 시민이 길을 걷다가 치안부재의 상황에서 가해자의 무력을 이기지 못해 가해자의 집으로 끌려 들어간 후 감금당하면서 시작되었다. 범인이 잠시 자리를 비운 틈을 타서 피해자는 112에 전화를 걸어 긴급하면서도 분명한 목소리로 신고하였으나, 경찰의 도움을 제때 받지 못하고 결국 끔찍하게 살해당하고 말았다. 사건 발생 후 경찰의 미흡한 대처를 비난하는 여론이 들끓자 112센터에서는 매뉴얼에 따라 잘 처리하였다고 주장하였다. 신고를 받은 후 현장에 경찰관을 신속히 파견하였으나, 다만 범행의 증거나 범인의 행적을 찾지 못하여 현행범으로 검거하는데 실패한 것이라고 주장하였다. 이러한 주장에도 불구하고 범행 현장에서 피해자가 112에 신고를 했는데도 경찰이 제대로 대처하지 못하는, 참으로 이해할 수 없는 사건 발생에 대해 국민들은 그저 불안하기만 할 뿐이었다.

도대체 무엇이 잘못되었기에 이처럼 비극적인 사건으로 끝나게 되었는지를 밝히기 위해 결국 국가인권위가 나섰고 112전화신고 내용 분석을 소리공학연구소에 의뢰하게 되었다. 우리 팀은 곧바로 국가인권위로부터 112신고 녹취자료를 전달받아 분석을 시작했다. 일반적으로 녹취된 소리파일에는 그 내용에 대한 녹취록이 문서로 작성되어 첨부되어 오는데, 자료를 조사해보니 녹취록과 실제 통화내용은 대부분 다르게 작성되어 있었다. 그 이유는 112상황실의 멘트가 수사에 관련된 용어들이고, 경찰출동에 관련된 지시사항에 약어를 많이 사용하고 있어 이 분야에 대한 사전지식이 없는 사람이 녹취를 할 경우 녹취록 작성에 큰 어려움이 따르기 때문이다.

소리파일에는 약 7분여 상황이 녹취되어 있었고, 첫 3분 동안은 피해자가 울먹이면서 긴급 구조요청을 하고 있었다. 중간 3분 동안은 남녀가 사랑 놀음을 하는 듯 이상한 소리가 들렸으며, 약 10초마다 상황실에서 /여보세요?/를 수십 번 반복하고 있었다. 마지막 1분 동안은 112상황실에서 대화내용 청취에 대한 관심을 더 이상 보이지 않고 있었으며, 그 후 녹취를 종료시키는 클릭 음이 들리고는 녹취가 종료되었다.

당시 112상황실의 녹취파일에 대한 관심은 크게 두 가지였다. 어떤 근거로 초동 대응이 제대로 이루어지지 않았는가, 그리고 피해자 쪽과 경찰 쪽에서 누가 먼저 전화를 끊었는가? 하는 것이다. 만일 112상황실에서 전화를 먼저 끊었다고 가정한다면, 범죄대상에 대한 예의주시를 경찰이 먼저 포기한 것이므로 피해자는 범죄의 현장에서 남겨진 채 계속 고통 받을 수밖에 없다. 녹취된 소리를 분석해 보면 상황실에서 말을 할 때 들리는 소리성분과 신고자의 전화기를 통해 들리는 피해자의 소리성분은 배경잡음과 함께 소리음폭 또한 서로 다르게 나타난다. 우리는 이를 근거로 소리를 분석해보았고 그 결과 전화기를 먼저 끊어버린 쪽은 112상황실로 나타났다.

그렇다면 사건 발생 당시에 피해자의 전화신고 목소리를 듣고 있었던 112상황실의 수많은 공청자들(112 전화는 여러 사람이 함께 청취하도록 되어 있음)이 모두 매뉴얼에 따라 제대로 전화 응대를 하지 못했다는 것일까? 녹취된 112신고 소리파일을 분석해 보니 112상황실에서는 전화를 받자마자 울부짖으며 구조를 요청하는 피해자에게 긴급한 상황을 차분하게 유도하면서 출동명령을 내렸고, 혹시나 잘못될지도 모를 사태에 대비해서 이런저런 상황을 잘 살피고 신고대처 매뉴얼에 따라 적절하게 대처하고 있었다.

하지만, 그 이후가 문제였다. 우선 피해자가 말하는 대용에 대해서 사건전후 상황을 시간별로 확인하면서 메모하는 등의 대처는 없었고 다만 키보드 자판이나 화면처리에만 집중하는 듯하였다. 그때까지만 해도 피해자는 살아있었고, 혼자 방문을 잠근 채 112상황실에 구조요청을 하고 있는 상황이었다. 잠시 후 범인으로 추정되는 누군가가 /찌르륵~/하는 소리가 들리게 창틀을 열고서, 그 창틀을 넘어 피해자가 있는 방으로 들어온 후 테이프를 찢어 피해자의 입을 봉해버리는 소리가 났는데 이 사실에 대해서도 경찰은 간과해버렸다. 바로 직전까지도 피해여성은 /나를 죽인다 했어요, 살려주세요, 아악 지금 들어왔어요.~/라며 소리치고 있었다.

112상황실의 혼동은 이때부터 시작되었다. 녹취파일을 들어보면, /찍~ 찌직~/ 거리는 테이프 찢는 소리가 몇 번 들리고 난 후에는 남녀가 사랑을 나누는 소리가 작고 가늘게 계속하여 들렸었는데, 상황파악을 하지 못한 상황실의 전화신고 응대경찰은 계속하여 /여보세요~ 여보세요~/를 외치고 있었다. 전화기에서 /여보세요~/소리가 계속 나고 있는데도 범인은 피해자의 휴대폰이 켜져 있었다는 사실을 전혀 눈치 채지 못하고 있었다.

통화내용을 소리분석 해 보았더니 피해자의 휴대폰을 통해 들리는 남녀사랑 목소리는 범인이 범행을 저지르는 동안 켜놓았던 TV의 포르노비디오에서 나오는 소리임이 확인되었다. 누군가 자신을 죽이려 한다는 피해자의 울부짖음과 함께 테이프 찢는 소리가 들리면 피해자가 범인에 의해 제압당했다는 사실을 파악하고 초등수사에 적절히 대처했어야 함에도 불구하고 경찰은 뒤이어 나온 비디오 소리와 피해자의 목소리를 전혀 구분하지 못했다. 이후에는 피해자의 목소리는 전혀 들리지 않았다. 당시 상황실의 112전화응대 경찰은 인수인계과정에서 새로 업무를 시작한 상태였다고 한다. TV에서 나오는 소리라는 걸 미처 파악하지 못한 경찰은 부부싸움 후에 사랑 놀음한 것이라고 생각하여 그 상황을 오판하고 말았고 그 결과 피해자는 무자비하게 살해당했다.

오원춘사건 이후 경찰청에서는 112신고 상황실 대처방안에 대한 실행 매뉴얼을 크게 개선시켰다고 한다. 신속하게 출동할 뿐만 아니

① CCTV에 포착된 대로변에서의 납치장면
② 112신고가 접수된 상황실에서의 시간대별 대처 녹취록

라 출동 시, 거주민의 동의가 없어도 강제로 가택에 진입하여 상황을 진압할 수 있도록 하였다는 것이다. 그렇다면 오원춘사건과 같은 유사한 사건이 다시 발생한다고 가정했을 때 이러한 매뉴얼의 개선으로 인해 더 이상의 억울한 피해자가 생기지 않는다거나 또는 나름대로 억울하다고 생각하는 상황실 경찰에 대한 징계가 줄어들 수 있을 것인가? 그 대답은 결코 그럴 수 없다는 것이다.

해결책은 음향분석기에 있다. 세계적으로 IT강국임을 자부하는 대한민국이라면 수사 초기에 가장 먼저 접하게 되는 112나 119상황실에는 최소한 녹취소리 분석기를 설치하여 사용해야만 한다. 현재 112상황실은 단순하게 전화통화 녹취만 하고 있고 문제가 생겼을 경우에만 통화기록을 참고하는 정도이다. 오원춘사건 당시에 피해자의 목소리와 비디오의 소리를 구분할 수 있는 음향분석기만 갖추고 있었어도 당시의 상황파악을 제대로 할 수 있었을 것이다. 전화기에서 들리는 소리들의 원근만 측정하면 충분히 해결 가능한 일이다. 더 나아가 전화대화 중에 들리는 피해자 목소리에 대해 그 진실성이나 위급성 정도를 측정해서 백분율로 나타내는 방법만으로도 범

①

112신고센터 녹취록

112경찰입니다. 말씀하세요
예. 여기 못골놀이터 전의 집인데요 저 지금 성폭행 당하고 있거든요

못골놀이터요?
예. 못골놀이터 전의 집인데 어느 집인지 모르겠어요

지동요?
예. 지동초등학교 좀 지나서 못골놀이터 가는 길쭉으로요

선생님 핸드폰으로 위치조회 한번만 해볼게요
네

저기요, 지금 성폭행 당하신다고요? 성폭행 당하고 계신다고요?
네네

자세한 위치 모르겠어요?
지동초등학교에서 못골놀이터 가기 전…

지동초등학교에서…
못골놀이터 가기 전요

누가, 누가 그러는 거예요?
어떤 아저씨요. 아저씨, 빨리요, 빨리요

누가 어떻게, 알아요?
모르는 아저씨예요

문은 어떻게 하고 들어갔어요?
저 지금 잠궜어요

문 잠궜어요?
내가 잠깐 아저씨 나간 사이에 문을 잠궜어요

들어갈 때 다시 한번만 알려줄래요?
(문을 강제로 열고 들어오는 소리)
잘못했어요. 아저씨 잘못했어요…

여보세요.
주소 다시 한번만 알려주세요

②

죄 상황을 오판하는 일은 없거나 급격히 줄어들 수 있다.

요약하면, 갈수록 흉악해지는 각종 범죄들로부터 우리 국민들을 지켜주고 평온한 생활을 영위할 수 있도록 하기 위해서는 필요한 IT 기술을 112나 119센터에서부터 적용, 설치하는 것이 반드시 필요하다. 피해자로부터 신고전화가 오면, 주변 상황이나 신고인의 감정 상태 등을 과학적인 수치로 분석해서 알려줌으로써 상황실에서 적절하게 초동 대처를 수행할 수 있도록 해주는 소리성분분석 장비의 설치가 필요하다. 인간의 청각만으로는 소리를 정확한 패턴으로 나타내지 못하고, 소리가 갖는 의미와 분위기를 개인의 기억이라는 한계 안에서만 연상하도록 하기 때문이다. 오원춘의 살인사건이 들려주는 소리를 잘 들어 대비책을 세움으로써 다시는 우리 사회에 이런 사건이 일어나지 않는 계기가 되기를 바랄 뿐이다.

소리이야기 33

청와대 대변인의 목소리

윤창중 전 청와대 대변인은 박근혜 대통령의 취임 후 첫 공식방문지인 미국에서 밤에 술을 마시고 자신을 보좌하는 인턴에게 성추행을 시도하였다. 사건이 불거지자 대통령의 잔여일정에 동행하지 못하고 급거 귀국하기에 이르렀다. 대통령보다 먼저 도망치듯 미국을 빠져나온 것이었다. 2013년 5월 9일 윤창중은 한국에 도착하자마자 청와대 민정수사팀에 가서 조사를 받았고 이와 관련된 여러 상황들이 미국현지 교포사회에서 문자와 인터넷을 통해 급속히 전파되었다. 국내에서도 노컷뉴스에 의해 처음으로 언론에 보도되기 시작하였다.

박대통령의 미국 순방은 뉴욕, 워싱턴 DC, LA 순으로 짜여있었고, 한반도를 전쟁위기로 몰아가려는 북한을 견제하기 위한 신뢰프로세서를 구축하기 위해 미국의 협조를 구하고 있었다. 순방 일정 중 박대통령은 워싱턴DC의 미국 국회의사당에서 유창한 영어와 산뜻한 옷맵시로 외교적인 능력을 크게 인정받고 있었다. 그런데 이때 대변인이 성추행사건을 일으킨 것이다. 국내의 언론들은 앞 다투어 사건의 배경과 본질, 향후 방향, 윤창중이 앞으로 받게 될 처벌 등 여러 측면에 대해 예측치를 쏟아 붓고 있었고, 이로 인해 미국순방으로 얻은 정상외교의 결실은 윤창중 사건에 집중된 관심으로 인해 모두 숨겨지고 말았다.

미국순방 중에 많은 일정을 바쁘게 소화하고 있었던 박대통령에게는 사건보고도 하루 늦게 이루어졌다고 하는데 보고를 받은 대통령은 바로 윤창중을 청와대 대변인에서 직위해제 시켰다. 여론이 들끓게 되자 윤창중은 귀국 이틀 후 종로의 한 음식점에서 내외신 기자를 모아놓고 성추행 해명 기자회견을 열었다. 자신을 미국 현지에서 안내했었던 인턴에게 일처리를 잘하라고 타일렀을 뿐 욕은 하지 않았으며, 일과 후에 위로차원에서 술 마시면서 허리만 툭 쳤을 뿐인데, 왜 성범죄자로 모는지 모르겠다면서, 너무나 억울하다고 변명하였다. 그리고 여론을 이토록 악화시키면서 자신을 비판한 언론에 대해 법적인 조치를 취하겠다고 강조하였다.

성추행에 대해 해명을 하는 윤창중의 목소리는 비교적 차분하게 들렸다. 분명한 어조로 억울하다고 하면서, 자신에 대한 세간의 온갖 의혹에 대해 요목조목 짚어가면서 스스로를 변명하였다. 당시 윤창중은 자신의 입장을 대본 읽듯이 차분한 목소리로 호소하고 있었다. 기자회견 후 며칠이 지나자 베일에 가려져 있었던 사건현장의 상

성추행사건이 일어난 워싱턴호텔의 지하 주점내부

황과 당시 목격되었던 윤창중의 행태가 점차 밝혀지기 시작하였다. 결국 기자회견장에서 말했었던 내용은 자기변명에 불과했고 대부분 거짓이었음이 드러난 것이다. 일부 국민들은 윤창중에 대해 '더 이상 국가의 위신을 떨어뜨리지 말고 하루빨리 자진해서 미국에 가서 조사에 응하라!'고 소리높이기도 했다. 그야말로 국민적인 울분이 윤창중에게 몰려있었다.

이때 TV조선 뉴스팀에서 연락이 왔다. '윤창중게이트의 진실'에 대한 시사성 CSI 탐사보도를 기획 중인데 기자회견장에서의 윤창중 목소리에 대해 거짓여부를 분석해 달라는 것이었다. 일반적으로 목소리의 진실성을 분석하기 위해서는 발성순간의 진실성, 즉, 수초 이내에 발성되는 목소리를 매 순간 분석해 결과 수치를 알아보는 방법과 발성평균 진실성, 즉, 1분 이상의 발성에 대한 결과 수치를 알아보는 방법 두 가지가 있다. 윤창중의 경우, 기자회견이 장시간 계

속되었기에 발성평균에 대한 목소리의 진실성을 판단해보기로 하고 성문 분석에 들어갔다.

목소리의 진실성을 조사하려면, 당사자의 최근 목소리에서 감정 변화를 나타내는 목소리 톤의 변화범위를 먼저 파악해야 한다. 기자회견장에서 자신이 억울하다고 울분을 토해내는 윤창중의 목소리가 평소에 비해 얼마나 높은지를 알아보려면 평소의 목소리면서 감정에 복받친 상태의 목소리가 필요한 것이다. 윤창중은 대변인으로 발탁되기 전에 이런저런 방송프로그램에서 정치평론가로 출연한 적이 많았다. 특히 2012년 말 채널에이 TV 〈박종진의 쾌도난마〉 프로그램에서는 자신의 언변을 적나라하게 보여주고 있었다. 이 프로그램에 나오는 윤창중 목소리 중에서 울분에 찬 목소리 최대치를 추출하였다. 한편, 최근에 있었던 청와대 대변인의 브리핑에서 점잖게 원고를 읽어 내려가는 목소리에서의 성대 톤 변화를 최저치로 삼은 후 목소리진실성을 비교해 보았다. 분석결과 성추행 변명당시의 목소리 진실성은 48.6%로 얻어졌다. 기자회견 당시 말로는 억울하다고 하였지만, 목소리의 진실성은 반 이상이 거짓이었음을 여실히 나타낸 것이다.

이어서 기자회견에서 발성한 목소리의 호소력에 대해서도 알아보았다. 당시에는 어떻게든지 자신의 억울함을 대중에게 알리는 것이 급선무였으므로 청와대에서 브리핑할 때에 비해 목소리 호소력이 116%로 높게 나타났다. 이 수치는 〈쾌도난마〉에서 사회자의 질문에 핏대를 세우면서 말했을 때와 동일한 호소력으로 나타났다. 즉, 목소리 호소력은 평소에 억울함이 있을 때에 그것을 해소하기 위한

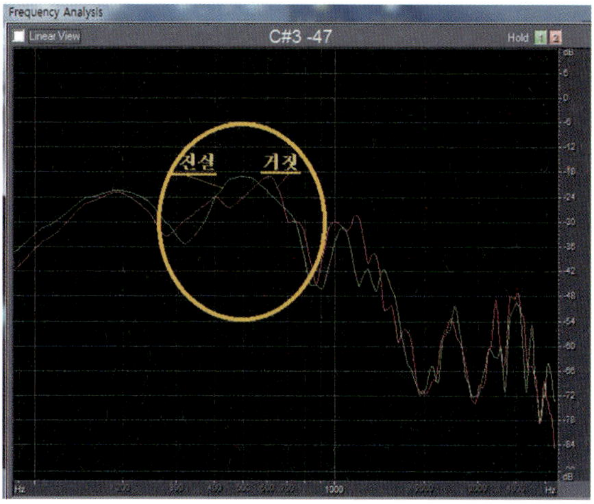

기자회견에서 나온 목소리의 진실성을 보여주는 성대 톤 분석화면

한풀이성 발성이라고 볼 수 있는데, 쾌도난마에서 자신의 입장을 적극 주장했던 목소리 톤과 같은 톤으로 성범죄 변명 기자회견에서 아주 극적인 해명을 한 것으로 나타났다.

공직자로서의 처신은 물론이고 한 개인으로서도 결코 하지 말았어야 했던 부적절한 행위로 인해 고위관리인 청와대 대변인이 일순간에 지옥으로 떨어지는 것을 본 국민들은 이 사건으로 인해 깊은 충격을 받았다. 자세한 내막은 알지 못하나, 아마도 윤창중이 자식 같은 딸에게 성추행을 자행한 것은 술 때문이었을 것이다. 물론 시차 적응에 어려움을 겪을 나이인데다 술에 만취되어 해장도 못한 상태로 도망치듯 귀국한 후 쏟아지는 비난에 성급하게 기자회견이 이루어 졌겠지만, 그래도 기왕 기자회견을 열었으면 자신의 행동에 책임을 지고 사건에 대해 좀 더 정확하고 신속하게 진실을 밝혔었다면 이처럼 국민의 분노가 하늘을 치솟고, 국격이 크게 실추되지는 않았었을 것이라 생각하니 아쉽기만 할 뿐이다.

소리이야기 34

보이스피싱 대처요령

전화 한 통화의 꼬임에 넘어가 누군가의 목소리가 하라는 대로 개인 신용정보를 입력하거나 계좌이체를 해서 결국 통화자가 큰 피해를 입게 되는 사기 행위를 보이스피싱이라고 한다. 언뜻 생각하기에는 범인이 직접적으로 흉기를 사용해서 위협을 하거나 신체 폭행을 한 것도 아니고 단지 전화 통화 목소리만 들었을 뿐인데 어떻게 그런 피해를 당한다는 것일까? 하고 의아해 하겠지만, 보이스피싱의 피해 당사자들은 그 상황에 부딪치면 어쩔 수 없이 쉽게 넘어갈 수밖에 없다고 얘기한다.

몇 가지 사례를 들어보자. 50대 P씨는 최근 금감원 직원을 자처하는 사람으로부터 한통의 전화를 받았다. P씨의 계좌에서 120만원이 무단 인출됐으니 사태를 해결하기 위해서는 주민등록번호와 텔레뱅킹에 필요한 계좌번호, 보안카드번호 등의 정보가 필요하니 알려달라는 요청이었다. 자신이 전혀 모르는 사이에 통장에서 돈이 빠져나갔다는 얘기를 듣는 순간 당황한 P씨는 텔레뱅킹 정보를 알려주고 말았다. 사기범은 곧바로 총 11회에 걸쳐 2,765만원을 텔레뱅킹으로 인출해서 도망 가버렸다.

대구에 살고 있는 한 어머님의 경우, 군대에 간 아들로부터 울먹거리는 소리로 긴급한 전화가 왔다. 군부대서 훈련 중에 사고가 발생하여 이를 해결하려면 돈이 필요하다는 것이다. 아들은 친구를 대신 집에 보낼 테니, 즉,시 돈 천 만원을 마련해서 친구에게 전해주라고 하면서 전화를 끊었다. 전화기를 통해 들려오는 경상도 사투리의 목소리는 아들의 목소리가 분명하였고, 그리고 몇 시간이 지나자 군복 입은 친구가 찾아왔으며 어머니는 어렵게 구한 돈을 건네주었다. 며칠 후 아들의 상황이 궁금하여 군부대에 면회를 가보니 아들은 멀쩡히 잘 지내고 있었고 그제야 어머니는 보이스피싱에 당했다는 것을 알게 되었다. "아무리 생각해보아도 그때 전화에서 울먹거린 목소리는 아들의 목소리가 분명했는데 목소리 변조가 정말 가능한 일인가요?"라고 어머니는 지금도 여전히 반문하고 있었다.

30대 회사원 L씨는 어느 날 아침 국민은행의 대표번호로 전송된 문자메시지를 받았다. '고객님의 개인정보 유출로 보안승급필요'라는 문구와 함께 특정 사이트에 접속해서 보안등급을 올려야 한다는 내용이었다. 사이트를 방문해보니 기존 거래 은행의 사이트와 똑같아 보였다. 사이트에서 안내해주는 대로 L씨는 공인인증서 재발급에 필요한 정보를 입력했다. 다음날 새벽 4시 30분경 L씨는 공인인증서가 재 발급됐다는 문자메시지와 연이어 출금 내역이 담긴 문자메시지 소리에 잠을 깼다. 이미 사기범이 공인인증서를 재 발급받아 인터넷 뱅킹으로 800만원을 이체해 버린 뒤였다.

또 다른 보이스피싱 피해자에게는 더 기막힌 사연이 있었다. 수원에 거주하는 한 어머니는 초등학교 4학년 자녀를 두고 있는데 오전 11시경 전화를 받았다고 한다. 전화내용에 하도 놀라 그 후 어떻게 했는지 조차 기억이 잘 나지 않는다고 한다. 전화를 받으니 중년의 남성목소리가 들려오면서 아들을 납치했으니 아들의 목소리를 들어보라고 하는 것이 아닌가? 곧바로 /엄마~ 아파요~/ 하는 정말 고통스러워하는 아들의 목소리가 수화기 너머로 들렸다. 이어 중년남성은 한 시간 내로 돈 1,000만원을 입금하라고 했고 경찰에 연락하면 아들을 죽이겠다고 협박하면서 입금을 독촉하였다. 혹시나 하는 마음에 어머니는 아들에게 급히 전화를 했지만 휴대폰의 전원은 꺼져있었고 아들에게는 연락이 되지 않았다. 크게 고통 받고 있을 아들의 목소리가 가슴에 울려 어머니는 황급히 여기저기 돈을 빌려서 겨우 시간 내에 송금을 마칠 수 있었다. 그 후 학교를 찾아가보니 아무 일 없이 공부하고 있는 아들을 본 순간 속았다는 사실을 알고서 경찰에 연락했으나, 결국은 송금한 돈을 찾지 못했고 범인도 잡을 수 없었다.

앞에서 살펴본 예에서처럼 보이스피싱을 당한 사람들은 범인이 들려주는 전화목소리가 내 딸, 내 아들, 내 남편의 목소리라고 착각하게 되는데 실제로 왜 그렇게 쉽게 꼬임에 넘어가는 것일까? 그 이

① 영화 〈공범〉 속 '그놈의 목소리' 보이스피싱 이미지

② 보이스피싱은 주로 노약자나 가정주부의 돈을 노린다.

③ 전화기의 음폭은 고음의 귀뚜라미 소리를 잘 전달하지 못한다.

④ 울먹거리는 소리나 고성을 들으면 누구의 목소리인지 잘 모른다.

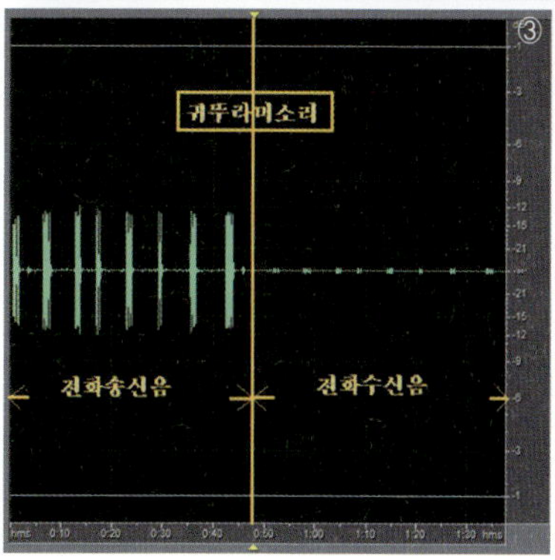

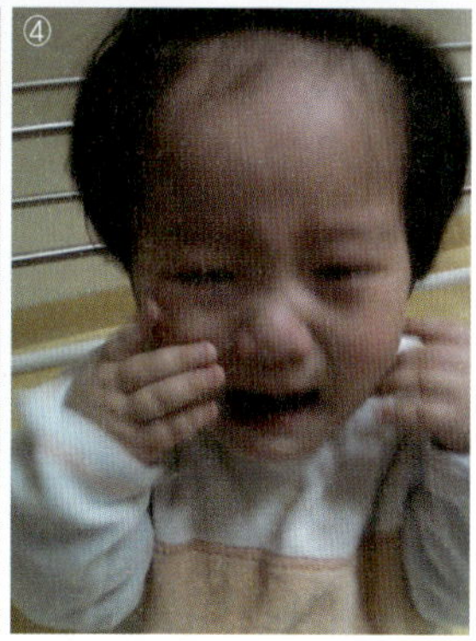

유는 보이스피싱이 전화기를 통해서 이루어진다는 점, 그리고 전화 응답 상황이 수신통화자의 조급하고 애달픈 사정을 교묘하게 이용하기 때문이다. 특히 범인들은 노인층이나 주부층을 겨냥하는 경우가 대부분인데 이들은 일단 전화의 목소리가 전해주는 위급한 상황을 해결하는데 정신을 쏟다보면 전화로 듣는 목소리의 진위여부를 밝힐 겨를이 없다고 한다. 그렇다하더라도 호랑이에게 물려가도 정신만 차리면 산다고 했건만 제3자가 보기엔 너무 쉽게 넘어가 피해를 당한 것처럼 생각될지도 모른다. 이처럼 직접적인 협박이 없어도 사람들이 유독 보이스피싱에 쉽게 넘어가는 데는 몇 가지 이유가 있다.

먼저, 범인들은 납치된 실제의 인물이 아닌 대역이 울부짖는 목소리를 들려준다. 그 소리를 들려주기 전에 범인은 상대방에게 전화 속의 목소리가 처한 상황에 대해 미리 알려주는데, 이것은 대역의 목소리를 사전에 범행 대상자의 가족 중 한 사람의 목소리로 각인시키려는 작업이다. 위기 상황에서 사전학습을 받은 목소리를 들으면 음향 심리적으로 바로 그 목소리처럼 들린다고 한다.

둘째, 유선 전화기나 휴대폰을 통해 목소리를 듣게 되면 목소리의 진위를 파악하기 어려워진다. 사람의 목소리는 남녀노소별로 차이가 있지만, 목소리로 발성할 수 있는 주파수성분은 50~8천 헤르츠의 범위 안에 있다. 그러나 유선 전화기를 통하면 전화기 특성 상 3백~3천4백 헤르츠로 그 음폭이 좁아진다. 그래서 비슷한 목소리를 들려주면 그 사람으로 착각하게 될 가능성이 높아진다. 휴대폰의 경우에는 대화 목소리만 추려서 전화기에 들려주기 때문에 주요 소리성분은 3백~2천5백 헤르츠로 음폭이 더 좁아진다. 그래서 보이스피싱 범인들은 유선전화기보다 주로 휴대폰으로 통화하면서 상대방을 속이게 된다.

세 번째 이유로 전화기를 통해 들려오는 울부짖는 목소리는 아주 고음이고 또한 톤의 변화가 급속하기 때문에 목소리의 진위를 잘 파악할 수가 없게 된다. 예를 들어 /아야~/ 또는 /어엉~/하고 울어버리면 목소리 톤이 급속하게 올라가 전화기를 통해 듣고 있는 상대방의 심리를 크게 자극하고 보호본능을 유발하게 된다. 게다가 울부짖는 소리인데다 비명소리의 지속시간이 아주 짧기 때문에 이 위기에서 피해자를 빨리 구해야 한다는 강박관념을 가지게 되어 평소의 기지와 융통성은 발휘할 수 없게 된다고 한다. 결국 전화 목소리가 시키는 대로 계좌이체를 신속히 해주게 되는 것이다.

요약하면, 보이스피싱을 당하면 대화 상대자의 진실성이나 목소리의 진위를 파악하기가 아주 어렵다. 전화기는 우리가 평상시에 들을 수 있는 소리성분의 일부 음폭만 상대방에게 전달해 주기 때문에 어떤 목소리이든 다 비슷하게 들린다. 더군다나 상대방이 비명소리를 내거나 울음소리를 낼 경우에는 소리의 지속시간이 짧고 급속한 톤의 변화가 느껴져서 누구의 목소리인지 도저히 알 수가 없게 된다. 그리고 전화를 걸어온 사람이 알려주는 정보에 사전 각인되어 가족 중 한 사람의 목소리로 착각되어 들릴 수 있기 때문에 보이스피싱에 쉽게 피해를 보게 되는 것이다.

보이스피싱에 대한 가장 효과적인 대처방법은 모르는 사람에게서 걸려온 전화인 경우 그 내용이나 목소리가 조금이라도 수상하게 여겨진다면, 일일이 대응하지 말고 일단 신속히 전화를 끊어버린 후 상황을 냉정히 인식한 다음에 시간을 두고 천천히 대처하는 것이 좋다. 전화는 언제나 필요한 사람이 다시 하게 마련이라는 사실을 잊지 말자.

소리이야기 35

거리의 소음공해

도시에서 생활하다보면 횡단보도를 건너거나 자동차도로변을 따라 걷게 되는 경우가 많다. 그러다보면 여러 가지 소음공해에 시달리게 된다. 도로에서는 자동차가 지나가면서 나오는 엔진소리와 바람소리가 섞여 위험할 정도로 가깝게 스쳐지나가기도 하고, 예기치 않게 자동차의 경적이 울리거나 혹은 장애물에 부딪치는 충돌음이 들려오기도 한다. 인도라 할지라도 지나가는 사람들이 휴대폰으로 통화를 하는 소리나, 물건을 들고 이동하면서 내는 소리, 도로변 가게에서 물건을 사고팔거나 혹은 시비가 일면서 시끄러운 소리가 들리기도 한다. 일반적으로 도로는 길게 그리고 곧게 뚫려있어서 다른 곳보다 바람이 많이 불고 스쳐가는 바람소리도 크게 들린다. 특히 서울의 도심 4대문 안에서 도로의 소음을 측정해보았더니 평균 73dB 정도의 큰소리가 나오고 있었다.

그렇지 않아도 시끄러운 도로에서 우리의 귀를 더 자극하는 소음인 확성기 소리 또한 종종 들린다. 길가에 수십 명이 모여 있고, 그 앞에 확성기를 잡고 있는 사람이 선창을 하면 다른 사람들은 큰 목소리로 따라 외친다. 그 주제와 내용이야 시시각각 달라지겠지만 대부분 자기들의 주장을 들어 달라고 하는 경우가 대부분이다. 어쩌다 그 옆을 지나게 되는 일반시민들은 자신들과는 별 이해관계가 없다는 생각에 그저 그 지역을 가급적 빨리 벗어나려고 애를 쓰겠지만, 주변에서 생활해야하는 사람들은 얼마나 시끄러운 소음공해에 시달리고 있을까 하는 생각이 든다.

거리시위문화가 잘 정착된 국가로는 캐나다와 미국을 예로 들 수 있는데, 시위자들이 줄을 서서 행진을 하면서 간혹 목소리를 높이기도 하지만, 확성기를 사용하여 큰소리를 냄으로써 주변사람들에게 피해를 주는 경우는 거의 없고, 대신 다양한 형태의 피켓을 만들어 시위에 활용한다고 한다. 즉, 그 자리에 모여 시위를 함께 하는 사람들과 대상이 되는 사람들에게는 효과적으로 호소할 수 있는 다양한 방법을 사용하지만, 주변 사람들에게는 피해가 가지 않도록 노력한다고 한다. 프랑스도 길거리에서 시위행렬을 자주 목격할 수 있는 나라 중 하나이다. 그런데 프랑스의 거리 소음기준은 아주 엄격하여 이 기준을 조금이라도 초과하면 즉,시 체포되고 엄벌에 처해진다고 한다. 또한 국제금융도시로 유명한 홍콩에서도 집시현장을 많이 목격할 수 있는데, 이곳에서도 역시 확성기 사용은 금지되어있으며 대신 피켓을 높이 쳐들고 큰 소리를 내는 말보다는 눈으로 보는 피켓의 문구로 주장하는 경우가 대부분이다.

우리나라 거리시위의 경우에는 많은 사람들이 다니는 도로변에서 확성기를 통해 구호를 외치거나 혹은 시위내용과는 무관하기조차 한

음악을 크게 틀어가면서 그 옆을 지나는 사람들을 불편하게 만들고 있다. 물론 집시현장에서는 소음의 크기가 주간 80dB, 야간 70dB을 넘으면 안 된다고 법령에 규정되어있으나 잘 지켜지지 않고 있으며, 소음을 측정하는 방법이나 위치도 제각각이다. 일반적으로 소음은 소음의 피해를 입게 되는 위치에서 측정해야 하는데, 구청직원이나 경찰관들은 집회현장에서 소음크기를 측정하는 것이 아니라 대부분의 경우 시위현장의 길 건너편이나 반대편 건물 내에서 측정한다고 한다.

소음이란 듣는 사람에게 도움이 안 되는 소리라고 정의되기 때문에 시민이 집시현장을 지나칠 때 들리는 소리가 소음이 되므로 바로 그곳에서 소음레벨을 측정하고 규제하는 것은 당연한 일이다. 무엇보다도 소음현장에서 10미터만 떨어져도 소음은 -10~-15dB 줄어들 수 있다는 사실에 주목해야 한다. 즉, 확성기로 소리를 내고 있을 때 길 건너편에서 측정하게 되면 거의 대부분 규정 이내의 소음으로 측정되는 편이며, 게다가 길 건너에서 측정할 경우 확성기의 소리보다 오히려 가까이에 있는 도로변에서 자동차 지나가는 소리가 더 커서 그 소리가 대신 측정되기도 한다.

이처럼 도심에서 발생하는 시위로 인한 소음에 대해 민원이 빈번하게 제기되자, 경찰청에서는 시위의 소음기준을 주야간 모두

① 거리에서는 자동차 지나가는 소리가 바람을 일으키면서 크게 들린다.
② 도로변에서 집단시위가 열리면 더 시끄러워 진다.
③ 거리에서 확성기를 틀고 시위 중이면, 시위 현장에서 소음을 측정해야 정확하다.
④ 소음공해는 소리크기도 중요하지만, 지속시간이 더 큰 피해를 주게 된다.

-5dB 낮춰서 시행할 예정이라고 한다. 소음이 -5dB 줄어들면 민원이 그만큼 줄어들 수 있을 것인지 예측해보기 위해 우리는 소리분석을 해보기로 했다. 집시현장에서 80dB 소음이 들렸다면 이는 우리가 지하철에 승차해서 전동차가 출발하거나 도착할 때 들을 수 있는 /윙윙윙~/거리는 소음의 크기라고 볼 수 있고, 그 소음이 75dB로 낮아졌다고 하면, 이는 거실에서 진공청소기를 최고로 틀었을 때 우리가 들을 수 있는 소음수준라고 볼 수 있다. 즉, 수치적으로 볼 때 이 정도의 소리차이라면 에너지 비율이 약 3.5배로 크게 작아지긴 하지만, 청각으로 느끼는 소리는 -5dB의 소음감소라고 할 때 이전 소리의 75% 정도로 -25% 감소했다고 느끼는 정도이지, 반 이상 크게 줄었다고는 느껴지지는 않는다.

사실 소리의 특성상 크기의 감소효과 보다는 소음에 노출되는 지속시간이 더 문제가 될 수 있다. 따라서 소음에 대한 규정을 강화할 계획이라면 감소효과가 그리 크지 않은 소음의 크기는 그대로 두더라도 소음측정을 시위대 바로 옆에서 하도록 하고 특히 확성기로 소리를 내는 경우에는 확성기 사용시간을 제한하는 것이 필요하다. 확성기를 사용할 경우 5분 이상 지속해서는 안 되고, 다음 사용할 때까지 최소한 5분 이상 휴지기간을 가지면서 사용하도록 하는 규정이 필요하다. 그래야만 주변의 시민들이 소음공해를 어느 정도 예측할 수 있게 되고 앞으로 발생할 소음에 대한 사전대처가 이루어 질 수 있게 된다.

소리공학연구소에서는 소음공해에 대해 인간이 받게 되는 스트레스지수를 측정해 보았다. 체격이 건강한 20대 중반의 남녀 각각 2명씩, 4명에게 저주파 소음을 이용하여 소음크기와 지속시간에 따른 인내력 테스트를 해 보았다. 소리의 크기를 70~90dB 범위에서 +5dB씩 증가시키면서 스트레스 지수를 0~10등급으로 분류했을 때 +1등급 증가하는데 소요되는 시간을 측정해 보았다. 소음을 들려주자 3분 이내에 스트레스지수가 1단계 이상 모든 사람에게서 증가되었고, 이후 소음이 작아지더라도 소음스트레스 지수가 감소되지 않고 그대로 쌓여있었다. 반면, 같은 소리크기에서 1분 단위로 소음을 들려주되 1분씩 쉬어가면서 소음을 5회 반복하여 들려주었을 때는 스트레스지수가 증가하는 현상이 나타나지 않았다. 결과적으로, 소음공해의 피해를 입고 있는 사람들에게는 이미 커져있는 소음의 소리레벨을 약간 줄여 미미한 효과를 보는 것보다는 소음공해에 노출되는 시간을 줄여주고 다음 소음발생에 대해 어느 정도 예측할 수 있도록 하는 것이 더 절실히 필요하다는 것이다.

요약하면, 우리가 거리를 지나갈 때 다양한 소음공해에 노출되는데, 그 중에서도 확성기를 사용하여 집단시위를 하거나 홍보를 하는 경우에는 소음으로 인한 스트레스를 크게 받게 된다. 법에서 정한 소음의 크기는 이미 정해져 있으나, 소음을 측정하는 방법이나 혹은 측정 위치를 잘 몰라서 법에 호소하지도 못하고 참아야 하는 경우가 대부분이다. 아무리 소음규제를 강화하더라도 소음발생현장에 가까이 있는 주민들은 큰 스트레스를 받을 수밖에 없으며 소리크기를 -5dB 감소시킨다 해도 그 차이를 잘 느끼지 못한다. 따라서 소리크기를 줄이기보다는 소음의 지속시간을 제한하는 것이 소음공해로 인한 피해를 줄일 수 있는 훨씬 좋은 방법이다. 소음으로 인해 발생하는 스트레스는 건강에 좋지 않으므로 만약 도로변에서 확성기를 잡고 있는 사람들이나 차량을 보게 된다면 그 지역을 신속하게 벗어나 되도록 소음을 피하고 소음공해에 시달리지 않는 것이 지혜롭게 살아가는 한 방법일지도 모른다.

소리이야기 36

귀를 막고 사는 사람들

해외출장 중에 많은 사람들이 드나드는 미국 대형쇼핑몰의 휴대폰가게 앞을 지나가게 되었다. 마침 필자는 목걸이형 삼성휴대폰을 매고 있었는데 이를 본 가게 종업원 한 사람이 엄지손가락을 치켜세우며 '쌤성폰 넘버원!'이라고 하는 것이 아닌가. 전과는 다르게 부쩍 상승된 우리나라의 선진기술국가지위를 실감하면서 가슴 뿌듯했고 더불어 대한민국 국민으로서의 자부심을 느꼈었다. 이처럼 최근에는 우리나라 생활가전제품과 IT기술제품들, TV, 에어컨, 스마트폰 등이 전 세계시장을 석권하여 기술 강국으로서의 국력을 높이고 있다. 그러나 최고품질의 휴대형 IT기기의 개발과 보급으로 인해 사회 전반적으로 그 부작용 또한 다양하게 표출되고 있는 것도 사실이다. 그

① 휴대기기는 이어폰으로 듣는 경우가 대부분이다.
② 이어폰의 착용방법에 따라 오픈형과 커널형이 있다.

중 하나가 이어폰을 사용하는 문제이다.

거리를 걷다보면 휴대폰, 스마트폰, MP3 등의 전자기기와 연결되는 이어폰을 귀에 꽂고 무엇인가를 들으면서 걸어가고 있는 사람들을 많이 볼 수 있다. 이어폰은 그 종류가 다양하지만, 우선 착용방법에 따라 오픈형과 커널형으로 구분할 수 있다. 오픈형은 귓구멍의 입구에 끼우는 관계로 착용감이 좋지 않고, 소리의 일부가 밖으로 새어나가서 음질이 좋지 않으며, 또한 주변에 소음을 유발하기도 한다. 커널형은 부드럽고 연한 재질로 되어있어 귓구멍에 바로 삽입할 수 있는 구조로 되어 있고 이를 착용하면 주변소음을 막아주는 한편 귀고막에 소리를 바로 전달해주기 때문에 휴대용오디오 기기의 볼륨을 크게 하지 않아도 소리를 잘 들을 수 있다. 즉, 에너지 효율적으로 소리를 귀에 전달해주어 결과적으로 휴대기기의 배터리를 오래 사용할 수 있도록 해준다. 또한 음질도 좋은 편이며 착용감도 좋아 오랜 시간 끼고 있어도 불편하지 않아 장시간 사용하는 사람들이 많다.

하지만 커널형 이어폰을 착용한 채 야간에 길을 걷거나 바깥 활동을 할 경우에는 주변의 소리가 차단되어 예상치 못한 외부로부터의

①

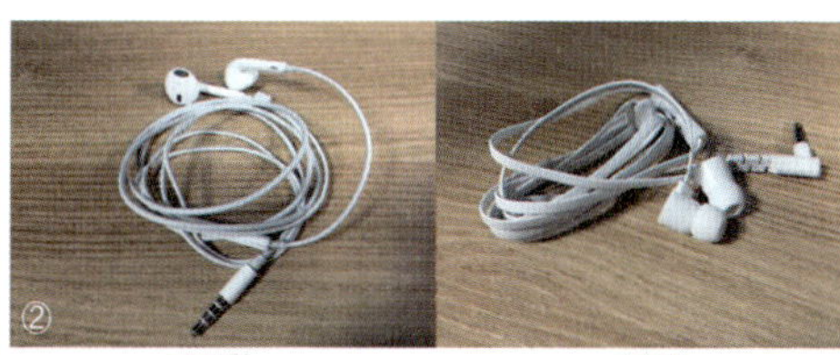
②

오픈형 커널형

방해, 즉, 치한으로부터의 공격에 대한 대처가 늦어질 수 있다. 특히 도로변에서 커널형 이어폰으로 오디오를 들으면서 다니게 되면, 주변 교통상황이나 위기상황을 잘 감지할 수가 없어서 큰 위험에 처할 수도 있다. 이처럼 커널형 이어폰은 소리가 잘 들린다는 장점도 있지만 동시에 외부의 소리까지도 차단해 버린다는 단점이 있다.

우리는 SBS 방송 기획뉴스 팀과 함께 커널형 이어폰의 외부 소음차단효과가 과연 어느 정도인지를 좀 더 구체적으로 알아보기 위해 10명의 남여 대학생으로 실험군을 구성하였다. 먼저 일상에서 스마트폰으로 소리를 들을 때 어느 정도의 소리크기로 듣는 지를 알아보았다. 커널형 이어폰으로 평소 자신이 선호하는 소리레벨의 크기를 각자 설정하게 한 후 사운드레벨미터(소음측정기)로 측정하였더니, 평균 75dB로 대부분의 학생들이 상당히 큰소리를 듣고 있었다. 이 정도의 소리크기는 지하철역 구내에서 전동차가 출발하거나 도착할 때 나오는 소음과 같은 크기이며, 집안에서는 진공청소기를 중간레벨로 맞추어 작동할 때 나오는 소리와 비슷하다.

이번에는 이 소리를 커널형 이어폰으로 듣고 있을 때 외부에서 어느 정도로 큰 소리를 내어야 이어폰에서 나오는 오디오소리를 뛰어넘을 수 있는지 실험해보았다. 외부에서 다양한 악기소리를 들려주면서 이어폰에서 들리는 소리 외에 다른 외부의 소리가 들리기 시작

① 밤거리에서 이어폰을 낀 채 다니는 것은 위험한 일이다.
② 커널형 이어폰을 끼게 되면 옆에서 믹서기(>100dB)를 돌려도 잘 못 듣는다.

하면 손을 들게 하였는데, 외부의 악기소리가 65dB 이상일 때 10명 중 4명이 손을 들었고, 75dB 이상에서는 8명이, 그리고 83dB이 넘어서야 10명 모두 들린다고 하였다. 이 실험결과, 이어폰을 착용하고 있는 상태에서는 외부에서 나는 소리를 들으려면 외부의 소리는 최소한 70dB은 넘어야 한다는 것을 알게 되었다.

다음에는 역시 이어폰을 착용하고 있는 상태에서 다른 사람이 외부에서 단어를 말했을 때 이어폰을 끼고 있는 실험자가 그 단어를 듣고 받아쓰는 실험을 하였다. 실험자들은 각자의 스마트폰에 동일한 백색소음을 다운받은 후 재생하여 커널형 이어폰으로 듣게 하였고, 소리레벨은 앞에서 평균치로 얻었던 75dB로 맞추었다. 이어폰을 통해 듣는 소리로 일반 음악을 사용하지 않고 백색소음을 사용한 이유는 백색소음이 넓은 음폭의 다양한 소리를 포함하고 있기 때문에 외부에서 특정한 소리가 들려도 그 소리들을 마스킹하기 때문이다.

외부에서 불러준 말소리는 3음절로 된 다섯 개의 단어를 각각 1초 간격으로 들리게 하였으며, 다섯 개의 단어는 첫 발음, 즉, 초성

①

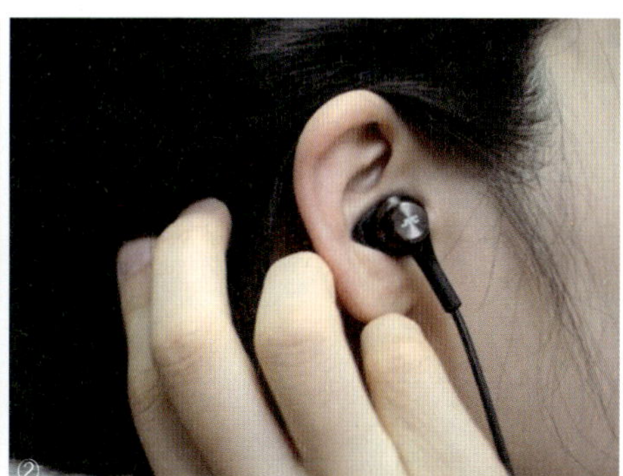
②

만 서로 다른 단어들이었다. 실험결과, 외부 목소리의 크기가 85dB이 넘어서야 실험자들 중 4명이 받아 적기 시작하였고, 90dB이 넘자 10명중 7명이 받아 적기를 시작했으며, 그나마 받아 적은 단어 5개 중에 맞게 쓴 것은 1개뿐이었다. 결국 커널형 이어폰을 끼게 되면 주변 소리의 크기가 90dB을 초과해서 크게 들려도 그 소리의 내용이나 의미는 잘 파악하지 못할 수도 있다는 것을 보여주고 있다.

요약하면, 커널형 이어폰으로 음악을 듣고 있는 상태에서는 주변의 소리가 90dB을 넘는 경우에도 들리는 소리가 어떤 소리인지 그 의미를 잘 파악하지 못하게 되면서 큰 위험에 처할 수도 있게 된다. 90dB은 약간 떨어진 곳에서 천둥번개가 칠 때의 소리크기이고, 또한 믹서기에 딱딱한 콩을 넣고 돌렸을 때 바로 옆에서 들리는 소리크기로 아주 큰 소리이다. 이처럼 거리를 활보하면서 커널형 이어폰으로 귀를 막고 사는 사람들은 주변의 소리를 듣지 못해 큰 위험에 처할 수 있으므로 가능한 도로에서는 사용하지 않는 것이 가장 좋은 방법이다. 어쩔 수 없이 이어폰을 사용해야하는 경우라면 적어도 한쪽 귀의 이어폰은 빼고 한쪽으로만 듣는 등의 지혜로움이 필요할 때이다.

거리에서 커널형 이어폰을 끼고
다니는 것은 안전하지 못하다.

소리이야기 37

지하철 기관사가 위험하다

고등학교를 졸업하자마자 곧바로 지하철 1호선을 타고 회사에 출퇴근했었던 필자는 지하철을 탈 때마다 사람들의 지하철 탑승 환경에 대해 많은 생각을 해보곤 했었다. 서울에서 가장 먼저 만들어진 전철 1호선은 지상철이었다가 서울역 근처에서부터 지하철로 바뀌는 구조이다. 전력공급이 지상에서 지하로 바뀌는 관계로 남영역에서 서울역으로 진입할 때 무동력으로 내리막길을 지나는 구간이 있었는데, 그곳을 지나갈 때면 혹시라도 전철이 멈추는 건 아닐까 긴장을 많이 하면서 다녔던 기억이 난다. 또한 전철은 전동모터로 움직이게 되어있는데 전동모터가 있는 위치가 열차의 전방 두 번째와 후방 두 번째 칸에 달려있었다. 그러다보니 앞뒤로 두 번째 열차에는 전자장이 많이 돌아다닐 것 같았고, 또한 전동모터에서 발생되는 열기가 다른 칸에 비해 좀 더 심할 것 같은 생각이 들어 필자는 두 번째 칸에 타는 것을 아주 꺼려했었다.

생각해보니 당시에도 전철이나 버스보다 열차로 지하철 구간을 지나가다보면 이상하리만큼 시간이 천천히 흐른다는 느낌을 받곤 했었다. 그래서 지하철 동영상 광고판을 이용해서 현재 지나가는 지상의 위치와 활동상황을 생동감 있게 생중계 방식으로 보여주면 어떨까 하는 바람도 해보고 했었다. 다행히 요즘에는 지하철 차량 안에는 광고와 역 정보를, 승객들이 지하철을 타기 위해 이동하는 통로의 벽면에는 각종 광고와 정보들을 전시하는 공간을 설치해놓고 있다. 그 중에는 지하철이 터널을 지나갈 때 승객들이 창밖을 볼 때 터널벽면에 부착된 모니터들을 보면서 가게 되는 경우도 있는데, 이때 객실내의 승객들은 운행속도에 의해 모니터가 개별적으로 보이지 않고, 눈의 잔상을 이용해 죽 이어진 동영상으로 보이게 되는데, 여기에 교통상황을 안내하거나 광고를 동영상처럼 보여주는 구간도 있다. 물론 이것은 승객들의 답답함을 조금이나마 덜어주기 위해 아이디어를 내어 설치를 한 것임에 틀림없다.

어쨌거나, 지하철을 타고 있는 동안 느꼈었던 답답함은 나만 느낀 것은 아니었나보다. 어느 날 필자의 은사님이 말씀하시기를, 지하철관리공단에 지하철의 안내지도나 행선지 표시에 현재의 위치만 표시하지 말고 동서남북을 나타내는 방향표식도 넣어달라는 건의를 했다고 한다. 지하에서 방향 표시대로 움직이기만 하면 되지 지상에서나 필요할 법한 나침반의 방향표시가 왜 필요한지는 사람들마다

① 지하철에서 승객이 받게 되는 소음
② 지하철 기관사가 받게 되는 소음의 유형은 다양하다.

생각이 다를 수 있겠지만, 필자가 그랬듯이 은사님이나 다른 사람들도 지하철을 이용하기 위해 지하에 있는 동안 지상에서 일어나는 일이 궁금하고 방향이 어딘지 몰라서 답답함을 많이 느끼는 것이라고 생각했었다.

지상철과 달리 지하철을 타고 있을 때 승객들이나 승무원들이 답답함을 더 많이 느끼게 되는 것은 무엇 때문일까? 아마도 그 이유는 시각적으로는 보이는 공간이 제한된 데서 오는 답답함에 있을 것이다. 요즘은 승객들이 스마트폰을 보거나 객실에 설치된 홍보동영상을 보면서 눈으로 보는 내용이나 시야를 다양하게 넓힐 수가 있지만, 기관사들의 경우는 좀 다르다. 지하철 운전을 하게 되면 끊임없이 이어지는 긴 터널과 스쳐 지나가는 기둥만이 보이면서 지루함을 느끼게 되고, 약 2분마다 정차하는 정거장의 제한된 공간만이 그나마 시각의 지루함을 어느 정도 해소시켜 줄 뿐이니 얼마나 답답할까.

지하철을 타면 느끼게 되는 또 다른 답답함은 바로 청각에서 느껴지는 답답함이다. 지하철이 출발하거나 정치할 때 들리는 소리의 성

①

②

분들은 주로 2천 헤르츠 이하의 모터발진음과 열차의 브레이크를 밟을 때 나오는 기계음들이 대부분이다. 그리고 지하철이 달릴 때면, 모터와 공기 소음으로 인해 터널과 객실의 내부에는 100 헤르츠 이하의 저주파울림이 90dB 이상의 소음으로 나오는데, 이러한 저주파 소음은 귀로는 잘 들리지 않지만 신체나 피부를 압박하여 우리의 몸을 짓누르는 듯 부담감을 주게 된다. 이 때문에 2만 헤르츠까지 소리를 들어야 하는 청각세포가 단지 10%의 부분만 자극하는 2천 헤르츠 이하의 지하철 소음만을 듣게 되니 답답함을 느끼게 되고, 더군다나 객실의 저주파 소리울림은 우리의 신체를 더 답답하게 만들어 버린다.

이러한 청각의 답답함은 기관실에서 더 심각하다. 지하터널의 소리울림이 기관사의 신체에 바로 압박으로 와 닿게 되고, 차량이 달리면서 기둥을 지나칠 때마다 발생하는 /쓱쓱쓱/거리며 공기가 스치는 소리울림은 기관사에게 저주파의 충격으로 바로 와 닿게 되며, 운전 시에 발생하는 엔진의 저주파 소음은 객실보다 더 크게 들릴 수 있기 때문이다. 그래서인지 최근에 지하철 기관사의 근무환경문제가 크게 부각되고 있으며, 기관사의 운전 과로보다 오히려 소음환경에서 느껴지는 답답함이 더 큰 스트레스로 나타나서 우울증이 발병하고 이로 인해 기관사가 자살했다는 소식도 있었다.

필자는 소리공학적인 측면에서 지하철 기관사의 답답함을 달래줄 수 있는 몇 가지 방법을 제안해 본다. 먼저, 기관사는 지하철을 운전할 때 저주파 소음이 신체에 바로 침투하지 못하도록 방음복을 반드시 착용할 것을 권하고 싶다. 방음복은 충격음을 옷감에서 흡수하여

① 지하철에서는 다양한 방법으로 오감의 답답함을 해소하려고 한다.
② 지하철의 긴 통로와 기둥에서는 저주파 소리울림이 발생한다.

저주파충격음이 기관사의 심장이나 가슴을 바로 때리는 것을 막을 수 있다. 다음은 기관실의 환경을 쾌적하게 유지하면서, 동시에 백색소음 같은 자연음을 틀어주는 것이 필요하다. 백색소음은 인간의 청감을 골고루 자극하기 때문에 엔진소음이나 공기울림 소음을 어느 정도 중화시켜줄 수 있기 때문이다.

요약하면, 우리가 생활하다보면 편리한 대중교통 특히 지하철을 타지 않을 수가 없는데, 그곳에서는 구조적으로 시감, 청감, 촉감 등의 답답함을 느낄 수밖에 없다. 그 중에서도 엔진소음이나 객실의 공기울림에 의해 발생하는 저주파 소음으로 인해 청감이나 촉감의 답답함이 유발될 수밖에 없는데 다양한 방법을 통해 어느 정도 막을 수 있음을 살펴보았다. 특히 지하철 기관사들의 작업환경은 승객의 안전과 밀접한 관계를 지니므로 무엇보다도 우선 기관사들의 답답함을 풀어주는 열차 운전실 또는 기관실 내의 소리환경 개선이 절실히 필요하다고 생각한다.

좋은 목소리의 주인공

성우들은 타고난 좋은 목소리를 활용하여 대중의 인기를 끌면서 상업적으로 돈도 많이 벌고 있는, 그야말로 직업적인 목소리의 소유자들이다. 성우의 목소리는 우리 생활주변 요소요소에 활용되고 그 역할은 목소리 특색에 따라 저마다 다르지만, 대체로 중저음이며 차분해서 안정적이고 또한 아주 생기발랄하고 활동적인 인상을 주게 된다. 이런 이유때문인지 명동거리를 지나가는 시민들을 대상으로 사람들이 좋아하는 목소리를 추천받아보았더니 남녀노소 90% 이상이 이미 잘 알려진 성우 목소리를 선호하였다.

자신이 선택한 성우의 목소리를 왜 좋아하느냐고 물어보았을 때 대부분의 응답자는 그 목소리가 구수하고 중후하여 믿음이 느껴진다고 하였다. 우리는 생활 속에서의 여러 경험을 통해 어떤 사물에서 무거운 소리가 나는지 아니면 가벼운 소리가 나오는지 이미 잘 알고 있다. 일단 부피가 있고 안정감 있는 사물에서는 중저음의 소리가 들린다. 따라서 목소리에서 중저음이 들리게 되면 듣는 사람들은 무게와 안정감을 느끼기 마련이다. 중저음이란 변성기가 지난 남자의 음성에서는 성대 톤이 110~140 헤르츠를 나타내고, 여성은 200~230 헤르츠를 나타낼 때를 말한다. 이러한 중저음은 발성속도가 급하지도 않고 너무 느리지도 않으며 굳이 말한다면 평상시 목소리보다 약간 천천히 말하는 경우에 나오게 된다.

성대의 기본 톤이 중저음을 이룬다고 하여 반드시 좋은 목소리라고 볼 수는 없는데, 그것은 성대 톤의 배음구조가 중음영역 대까지 넓게 분포되어있어야 맑고 부드러운 소리로 들리기 때문이다. 성우나 연예인들이 듣기 좋은 목소리를 발성하는 경우에는 2천 헤르츠까지 성대 톤의 배음구조가 이어지는 경우가 대부분이다. 이러한 배음은 발성자의 목이 길거나 입과 코가 큰 경우에 다양한 소리울림이 더욱 활발하게 만들어지게 되고 따라서 복합된 목소리 화음을 만드는 경우가 대부분이다.

또한 목소리에서 맑고 쾌활한 소리를 내려면 치아나 턱의 구조가 반듯하여 치아나 입술 사이로 새어나오는 바람소리가 없어야 한다. 특히 턱을 움직여 입술을 열어 발음할 때 일정한 공기가 빠져나가면서 피부나 치아 스치는 소리가 규칙적으로 들려야만 듣는 사람이 맑고 쾌활한 목소리로 느끼게 된다. 이런 목소리에서는 2~4천 헤르츠 사이에서 넓은 산봉우리 모양의 소리스펙트럼이 나오게 된다.

한편 좋은 목소리는 외형적인 발성기관의 구조에 의해서만 결정되지 않는다. 말투나 감정의 변화를 잘 표현하는 지적인 발성능력도 발성기관 못지않게 중요하다. 소리공학연구소에서는 몇 년 전에 노무현 전대통령의 목소리나 행동을 잘 흉내 낸다는 개그맨 배칠수씨의 목소리를 분석한 적이 있었다. 곤색 양복을 입고 상의 왼쪽 주머니 위에는 붉은 색의 사랑의 열매를 달았으며 이마엔 굵은 주름자국까지 내어 우선 외형적인 모습에서는 마치 노대통령을 그대로 판박이 한 느낌이었다.

그는 말하는 속도를 느릿느릿하게 하면서 노대통령의 성대모사를 하고 있었는데 듣는 사람들은 목소리가 정말 닮았다고 이야기하고 있었다. 그렇지만 목소리의 스펙트럼을 분석해보니 70%의 유사성을 보였을 뿐이며, 다만 말투에서만 85% 정도로 비슷하게 따라하고 있었다. 일반인이 보고 듣기에는 말투만 비슷하게 흉내 내었을 뿐인데 바로 그 사람 목소리와 똑같다며 좋아했으니 이처럼 목소리의 유사성은 말투의 비슷함에 높은 비중을 차지한다고 볼 수 있다.

목소리의 말투는 그 사람의 품격을 나타내는 가늠자이기도 하다. 요즘은 말을 할 때 아주 급히 빠르게 하려는 사람들이 많아졌다. 아마도 주어진 시간 안에 할 말이 많다보니 어쩔 수 없이 말이 빨라지는 것이겠지만, 일반적으로 숨 돌릴 틈도 없이 말을 빠르게 하는 사람은 발성실수를 곧잘 하게 된다. 머릿속의 생각을 발성기관을 통해 소리매개체로 전달하는 과정에서 발성기관이 그 생각을 따라가지 못하고 발음 중간 중간 이 발음과 저 발음이 한데 섞여 뭉개지는 결과

① 대부분의 사람들은 중저음의 성우목소리 톤을 좋아한다.
② 목소리에 배음이 많아서 중음대역을 채웠을 때 사람들은 부드럽고 맑은 목소리라고 한다.
③ 배칠수의 성대모사는 상대의 말투를 비슷하게 따라한다.
④ 목이 길고 턱이 양쪽으로 대칭적이며 치아가 가지런한 사람의 목소리는 대체로 맑고 쾌활한 편이다.
⑤ 말투에 따라서 목소리의 인격이 느껴진다. 그림은 드라마 홍보 포스터

가 나타나기 때문이다. 이런 목소리를 듣는 관중들은 그 목소리를 신뢰하지 못하며 발성자의 급한 성격에 오히려 불안감을 가지게 된다. 따라서 대중을 향해 말을 하게 될 경우 목소리발성은 평소 속도에 비해 1.1~1.2배 정도만 빠르게 하는 것이 좋다.

또한 말투를 좋게 하려면 목소리의 톤과 크기를 뚜렷하게 표출하는 것이 중요한데 가장 좋은 방법은 입을 크게 벌리는 것이다. 평소의 자기 목소리 톤이 /도/ 음계를 낸다고 가정한다면, 좋은 목소리를 내기 위해서는 /레/와 /미/ 사이의 톤으로 약간 상기시켜서 발성하는 것이 필요한데, 입을 평소에 비해 1.2~1.3배 정도로 크게 벌리면 된다. 이렇게 하면 평소 발성보다 목소리가 커져서 상대방의 귀에 잘 들리게 되고, 동시에 목소리의 성문주파수가 상대적으로 고음 쪽으로 약간 올라가서 잘 들리게 된다.

한편 좋은 목소리를 내려면 발성에 힘은 들어도 단어나 문구에 따라서 감정의 변화가 많이 나타나도록 하는 것이 필요하다. 말을 할 때 감정의 변화가 전혀 없는 기계나 혹은 로봇이 발성하는 듯한 목소리가 되면 듣는 사람은 목소리에서 정감을 느끼지 못하게 된다. 그렇다고 해서 사투리를 쓰듯 너무 급하게 강세를 주는 발성을 하면 평범하지 않은 좀 특이한 소리로 들릴 수 있으므로 조심해야 한다. 특히 성대 톤을 너무 많이 변화시켜서 감정적인 발성을 하게 되면, 상대방의 감정을 자극하게 되어 큰 싸움으로 번질 가능성이 있으므로 적정선에서 성대 톤의 감정의 변화를 정감으로 느끼게 할 수 있을 정도의 발성법이 좋은 목소리를 낼 수 있다.

요약하면, 좋은 목소리의 소유자는 대외적으로 성공할 가능성이 많다. 좋은 목소리를 선호하는 사람들이 많아서 친분을 쌓기도 용이하고, 심지어는 대인관계에서 어느 정도 통제권을 가질 수도 있다. 좋은 목소리를 내려면 물리적으로는 성대 톤이 중저음이어야 하고, 여기에 중저음의 하모닉스가 많아 부드러움과 함께 맑은 목소리가 들려야 하며, 또한 치아나 턱이 균일해서 쾌활한 목소리가 나온다면 더욱 좋은 목소리로 들린다. 여기에 인정을 느끼는 정감발성과 함께, 발성속도도 천천히 그리고 또박 또박 분명하게 발음하는 것이 필요하다. 여러분도 자신이 좋아하는 목소리의 주인공을 모델로 잡아 그 사람의 행동이나 말투를 떠올리면서 좋은 목소리를 내는 연습을 부지런히 하다보면, 조만간 좋은 목소리의 주인공이 될 수 있을 것이다.

소리이야기 39

한글 발성의 우수성

해마다 10월 9일 한글날이 다가오면 각 방송사에서는 소리공학연구소에 세종대왕께서 백성을 위해 창제하신 한글의 우수성을 소리공학적으로는 어떻게 설명할 수 있는지에 대해 물어오곤 한다. 우리나라 사람들은 이미 잘 알고 있겠지만, 한글은 발성되는 소리와 표기를 일대일 대응관계로 일치시킨 소리글자체계이다. 이는 한글을 만들 때 아주 과학적으로 만들었다는 의미일 뿐만 아니라 앞으로 대한민국이 한글정보화를 통해 IT강국을 이끌어 가는데 든든한 밑거름이 될 수 있다는 의미이기도 하다.

한글은 소리발성 측면에서 보면 글자에 따르는 발성이 아주 용이하게 만들어졌다. 우선 글자로 표기된 소리를 발성할 때 변이음이 거의 없다는 점을 들 수 있다. 변이음이란 하나의 문자로 표기된 음을 실제로 발음할 때 여러 다른 소리로 나오는 경우를 말하는 것으로 이를 확대 해석하면 단어를 구성하는 문자와 실제로 그 단어를 발성하는 소리가 서로 다를 수도 있다는 의미이다. 예를 들어 /각/이란 글자에서 초성과 종성의 문자는 동일하지만 실제 발성을 자세히 분석해보면 소리는 약간 다른데 이처럼 동일한 문자 표기가 실제 발성상황에서는 주변의 음에 영향을 받아 서로 다른 발성이 되는 것을 변이음이라고 한다.

그래도 한글에는 이러한 변이음이 많지 않은 편이다. 영어와 같은 경우에는 〈a〉라는 문자가 단어에 있을 때 그 발음은 아[a] 에이[ei] 어[ə] 애[æ] 등 다양한 소리로 나올 수 있을 뿐만 아니라 다른 글자와 결합할 경우에는 더 많은 다양한 소리로 발음될 수 있다. 이처럼 한글이 타국의 언어에 비해 문자와 소리 사이에 변이음이 많지 않다는 것은 한글을 정보화할 때 예외사전이 거의 필요 없으므로 컴퓨터작업이 아주 용이하게 이루어진다는 장점이 있다.

타국어에 비해 한글이 갖는 두 번째 우수성은 한국어 자체의 특성이기도 하지만 발성 시에 강세나 억양이 거의 불필요하므로 이에 대한 표기 방법 또한 필요하지 않다는 점이다. 반면 영어는 강세와 억양이 없이는 의미가 잘 통하지 않는다. 일례로 〈coffee〉를 발성할 때에 첫 음절에 강세를 넣어서 반드시 /커피/라고 말해야 되는데, /코피~/라고 말미에 강세나 억양을 넣으면 쿠키나 탄산음료 코크를 가져온다고 한다.

① 한국어 발성에 비해 외국어발성을 하면 입이 커진다.
② 외국어발성에서는 한국어발성에 비해 고음이 커진다.
③ 외국어 발성은 한국어 발성에 비해 지속시간이 짧고, 말이 빨라진다.
④ 한국어는 얼굴표정을 점잖게 하면서 발성하는 것이 가능하다.

한편, 중국어는 4성을 사용하는 언어이므로 억양과 강세를 넣지 않으면 그 뜻이 원래 의도했던 바와는 전혀 다르게 전달될 수도 있다. 일본어의 경우에는 모음과 자음의 종류가 한글에 비해 적은 편이고 음절이 주로 초성과 중성으로만 이루어져있는데 그러다 보니 억양이나 장단을 넣지 않으면 그 뜻이 다르게 전달될 수도 있다고 한다. 반면 한국어는 강세나 억양이 의문형이나 감탄형의 경우 문장의 끝을 올리는 자연스러운 억양의 변화 외에는, 혹은 지방사투리의 독특한 억양 외에는 단어마다 정해진 강세나 억양이 거의 없는 편이다. 따라서 별도의 발음표기 없이도 글자나 단어를 하나씩 읽어가는 대로 그 뜻이 잘 전달될 수 있으므로 말과 글을 일치시키기가 아주 쉽다. 이 또한 컴퓨터 정보화작업에 아주 간편하고 쉬운 언어임이 분명하다.

①

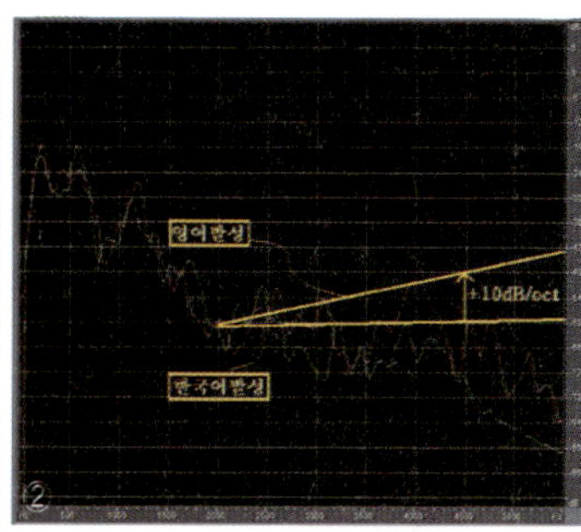

②

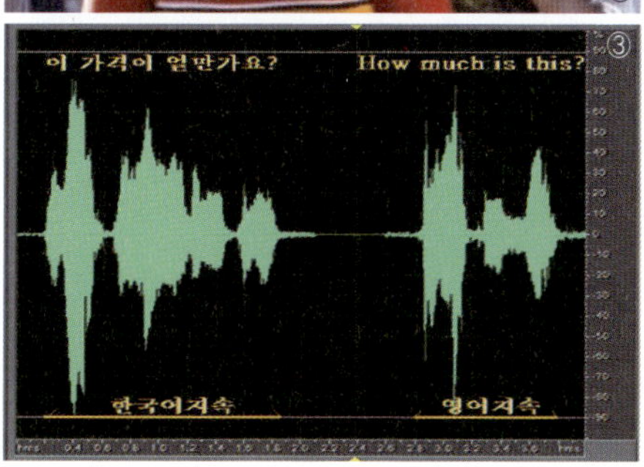

③

④

다음에 설명하려는 한글의 우수성은 직접적으로 한글이라는 소리글자 체계 자체의 우수성은 아니지만 한글이 말소리를 그대로 보여주고 있기 때문에 말소리인 한국어의 우수성과 함께 생각해볼 수 있는 내용이다. 먼저 세 번째 우수성은 한글을 읽을 때, 혹은 한국어를 발성할 때 발성 에너지 효율성이 높은 편이라는 것이다. 즉, 에너지를 많이 사용하지 않고 조용조용하게 말을 해도 상대방에게 의미가 잘 전달될 수 있다는 것이다. 예를 들어 더빙이 안 된 외국영화나 드라마를 보게 되면 한국 사람들에 비해 목소리 톤이 높아지고 큰 소리로 대화한다는 것을 알 수 있다. 특히 중국 사람들이 주변에 있으면 아주 시끄럽게 느껴진다고 한다. 그 이유는 한국어 발성은 강세나 억양을 거의 사용치 않아서 큰 소리를 낼 필요가 없으므로 발성 시에 별 힘이 들어가지 않으며 오랫동안 소곤소곤 거리면서 대화를 즐길 수 있는 언어인 반면, 다른 언어들은 강세와 억양의 변화를 주려면 어느 정도 에너지를 사용하면서 소리의 크기와 톤을 조절해야하기 때문이다. 에너지를 적게 소모하는 언어라는 장점 또한 한글의 정보화에 큰 이점이 될 수 있다.

네 번째는 한글, 또는 한국어의 발성은 지속시간의 영향을 거의 받지 않는다는 점이다. 일본어만 하더라도 소리의 장단에 의한 발성 지속시간에 따라 그 의미가 다르게 되고, 중국어도 소리발성 4단계(4성)가 있으므로 높은 음과 낮은 음의 장단에 따라 그 의미가 달라진다. 반면 한글, 혹은 한국어의 발성에서 장단은 의미의 차이보다는 그 의미의 환경적인 요인, 즉, 소리의 느낌이나 분위기를 보완해주는 보조적인 역할을 하며, 장단이 없어도 그 뜻을 전달하는데 큰 어려움이 없다. 게다가 한글로 우리말을 표기할 때 발성의 장단 지속시간 차이를 별도로 표기하지 않아도 되므로 컴퓨터정보화가 아주 용이해 진다.

다섯 번째로 한국어 발성은 얼굴에 큰 표정변화를 초래하지 않고도 무리 없이 점잖게 발성할 수 있다. 일반적으로 강세가 있는 언어의 경우에는 강세가 있는 부분의 발성을 하려면 발성기관 중 특히 입이 크게 열려야 하고, 폐활량 또한 급속한 변화를 통해 크게 만들어야 한다. 예를 들어 /오/ 발성에 강세가 들어간다면 평소 /오/를 낼 때보다 입을 크게 벌려서 /아/에 가깝게 발성하면서, 허파에 압력을 가해 순간적으로 소리가 방출되도록 하여야 한다. 따라서 강세가 중요한 언어의 경우 발성기관의 근육이 순간적으로 압축 및 이완되면서 얼굴모양이 일그러지거나 아주 우스운 꼴을 만들어내는 경우도 있을 수 있지만 한국어를 발성하는 경우에는 얼굴 표정의 변화가 없이도 가능하다. 물론 표정의 변화가 없다는 것은 장점도 되지만 단점도 될 수 있는 요소이기는 하다.

결론적으로 한글의 소리글자 체계는 한국어의 말소리 발성과 관련지어 소리공학적으로 접근했을 때 어떤 글자체계보다 과학적인 소리글자임에 자부심을 느끼게 된다. 특히 이러한 한글의 우수성은 모든 정보를 컴퓨터 화면을 통해 눈으로 볼 수 있도록 보여주게 되는 컴퓨터정보화에는 어떤 언어보다 효율적으로 적용될 수 있다. 앞으로 우리나라가 IT 기술개발에 한글의 우수성을 잘 적용하여 다른 나라들을 모두 선도할 수 있는 기술혁명이 이루어지길 기대해본다.

소리이야기 40

거꾸로 들으면 속이 보인다?

미국에서 유명한 권투선수 심슨의 부인 피살사건 재판이 열렸을 때 피의자로 심문을 받고 있었던 남편의 목소리가 방송에 일부 공개된 적이 있었다. 그런데 이 목소리를 듣던 한 역술가가 말하기를, 남편이 진술하는 발성내용을 거꾸로 들어보면 '나는 죄인이고 살인자다'라는 것이었다. 사람의 말을 녹음한 후 거꾸로 돌리면서 들어보면 전혀 다른 내용으로 들리게 되는데, 이렇게 듣는 방법을 리버스(reverse) 스피치라고 한다. 이 소리는 범죄행위에 대해 법적 증거능력을 갖거나 범죄사실을 입증하는 것이 아니기 때문에 재판결과에 영향을 미치지 않았으나, 오제이 심슨사건은 리버스 스피치에 대한 관심을 대중적으로 크게 유발시키는 계기가 되었다.

역술가의 리버스 스피치 관련 발언을 보고 이에 관심을 보인 SBS 방송 〈백만불 미스터리〉 팀에서 미국의 역술가를 직접 찾아갔었다고 한다. 현장에서 역술가는 한국인 코디에게 영어로 자기소개를 해보라고 하였다. 그리고 그 내용을 거꾸로 들어보았는데 중간 중간에

부인 살인사건의 피의자인 오제이 심슨과 그의 부인

'어서와~', '안녕' 등의 한국어가 흘러나왔다는 것이다. 당시 현장에서 목소리를 들어본 촬영 팀이 아주 놀랐다고 하는데, 결국 〈백만불 미스터리 팀〉은 녹음테이프를 들고 소리공학연구소를 찾아와 분명히 영어로 말을 했는데 거꾸로 틀었다고 해서 한국어가 들릴 수 있는지 어떤 원리인지 소리분석을 요청했었다.

우리나라 말은 음절단위로 발성이 되고 각각의 음절은 초성, 중성, 종성으로 이루어져있다. 또한 대부분의 낱말이나 단어는 종성이 폐쇄되는 형태로 발성된다. 음절 안에서 초성의 발음은 고유한 음가를 그대로 유지되지만 동일한 소리가 종성의 위치에 있게 되면 폐쇄되어 그 발음이 두드러지지 않아 잘 들리지 않게 된다. 예를 들어 '각, 밥, 찿' 등에서처럼 초성과 종성이 동일한 발음기호일 경우에 초성에 있는 소리는 분명하게 나지만 종성의 발음은 닫힌 상태이므로 입 밖으로 소리가 잘 나지 않게 되는 것이다.

반면에, 대부분의 영어 단어나 문구의 발음은 초성이 격하고 종성이 천천히 폐쇄되는 특징이 있다. 한국말의 발음은 단어나 문구의 말미에서 닫혀서 격음으로 들리게 되는 반면, 영어는 초성이 격음이 되는 경우가 많은 것이다. 즉, 영어와 한글의 발성 패턴이 서로 상반되어 나타나므로 영어발성을 거꾸로 들으면 발성패턴이 종성격음인 한국어의 발성패턴으로 바뀌어 들리게 되고, 한국어를 거꾸로 들으면 초성격음 패턴으로 바뀌어 영어나 아랍어처럼 들리게 된다. 여기에 단어나 음절을 구성하는 음높이가 어떤 특정 단어나 음절과 유사하게 되면 거꾸로 들었을 때 그 비슷한 단어나 음절로 들리게 된다.

결국 문장을 거꾸로 들어보면 말하는 사람의 속마음이 들릴 수 있다는 주장은 한글과 영어의 발성패턴에 따른 순서의 우연함에서 나타난 것이지 그 사람의 의도를 나타내는 것은 아니라고 판단된다. 왜냐하면 한국어로 무엇인가 말을 했을 때 거꾸로 들어보았을 때 나올지도 모르는 영어 단어나 문구를 염두에 두고 발성한 것은 아니었기 때문이다.

물론 쉽게 생각하면, 우리가 말을 할 때 음절의 순서를 거꾸로 발성하면 역순서로 소리가 들릴 것이라고 추측하겠지만, 사실은 그렇지 않다. 앞에서도 언급했듯이, 한국어 발음에서는 초성과 종성이 동일한 음이어도 그 음절 내 위치에 따라서 서로 다른 변이음으로 발성되기 때문에 일단 발성한 문장을 거꾸로 들으면 전혀 새로운 어순의 발음이 된다. 예를 들어 〈대한민국〉이란 단어발성을 거꾸로 들으면 /국민한대/로 들릴 것 같지만 실제로는 /국/의 발음을 거꾸로 들으면 /우그/로 되고 /민/은 /미인/으로 되어 /대한민국/이라는 발음은 /우그미인나해/로 전혀 다르게 들린다. 설상 거꾸로 들릴 것을 미리 짐작해서 /우그미인나해/로 발음을 했다 해도 막상 거꾸로 들어보면 /대한민국/이라는 단어로 제대로 들리는 것이 아니라 엉성한 발음의 조합으로 이루어진 소리로 들릴 뿐이다.

또 다른 발성의 예로 /왕중왕/을 발성하면 좌우에 동일한 음절의 발성이 나오므로 거꾸로 들어도 다시 /왕중왕/으로 들릴 것 같지만, 테이프를 거꾸로 해서 들어보면 /나앙우징압/으로 완전히 다른 소리로 들린다. 앞서 설명했듯이 왕을 발성할 때 초성과 종성이 동일한 발음기호로 쓰여 있어서 같은 발음으로 생각되지만, 실제로 초성의 〈ㅇ〉은 모음 〈ㅘ〉와 함께 쓰이는 경우로 자음의 음가는 없이 모음 발음만 있는 반면 종성의 〈ㅇ〉은 음가(혀의 뒷부분에서 나는 비음임)가 있는 자음으로 폐쇄 발음되므로 실제로는 전혀 다른 발성이 되기 때문이다.

음악에서도 거꾸로 들었을 때 우연하게 일치하는 가사로 인해 리버스 스피치가 적용될 수가 있다. 노래를 녹음할 때 너무 힘든 나머

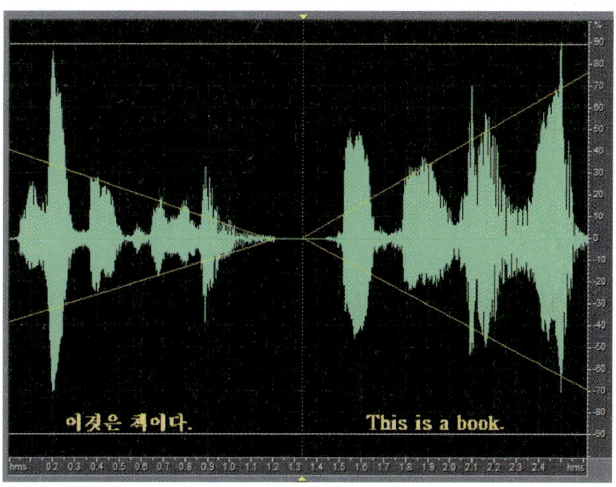

한국어 발성을 거꾸로 재생하면 영어처럼 들리기도 한다.

지 어린아이 귀신이 보일 정도로 힘들게 작업을 했었는데, 녹음이 끝난 후 시중에 나온 앨범에서 노래를 거꾸로 돌렸더니 /피가 모자라~/라는 대사가 흘러나온다는 얘기도 있었다. 그래서 소리공학연구소는 MBC 방송의 〈TV특종〉 팀의 의뢰로 /피가 모자라~/로 들린다는 부분을 거꾸로 감으면서 소리를 재생해보는 실험을 했고 과연 그런 소리가 들리는지, 그리고 들린다면 그 이유는 무엇인지에 대해 분석을 해보기로 했다.

사실, 필자의 경우 /피가 모자라~/라고 들린다는 정보를 미리 알고 그 부분을 들었으므로 그렇게 느껴지기도 했었고 이는 심리적인 선입견으로 인한 것일 수도 있다고 판단되어 좀 더 확실하게 알아보기 위해 100명의 학생에게 전혀 정보를 주지 않고 해당 노래를 거꾸로 재생하면서 들리는 대로 받아 적게 하였다. 그 결과 /피가 모자라~/라고 적은 사람은 단 2명에 불과하였다. 반면, 노래를 들려주기 전에 이 노래에는 /피가 모자라/'는 말이 들어있다고 미리 말해주고 나서 이전과 마찬가지로 해당부분을 거꾸로 틀어주면서 들리는 대로 적어보라고 하였더니, 75명이 그렇게 들린다고 응답하였었다. 즉, 테이프를 거꾸로 돌리면서 소리를 들으면 사실은 분명하지 않은 채 엇비슷한 발음으로 들리지만, 특정한 단어나 문구로 들린다고 사전학습을 시키게 되면, 청취자는 그런 소리가 들린다고 단정해 버린다.

① /대한민국 짜작 짜작 짝/에서 /대한민국~/ 부분을 거꾸로 틀면 /우그미인나해~/로 들린다.

② 김현정의 노래에서도 리버스 스피치를 들을 수 있다.

①

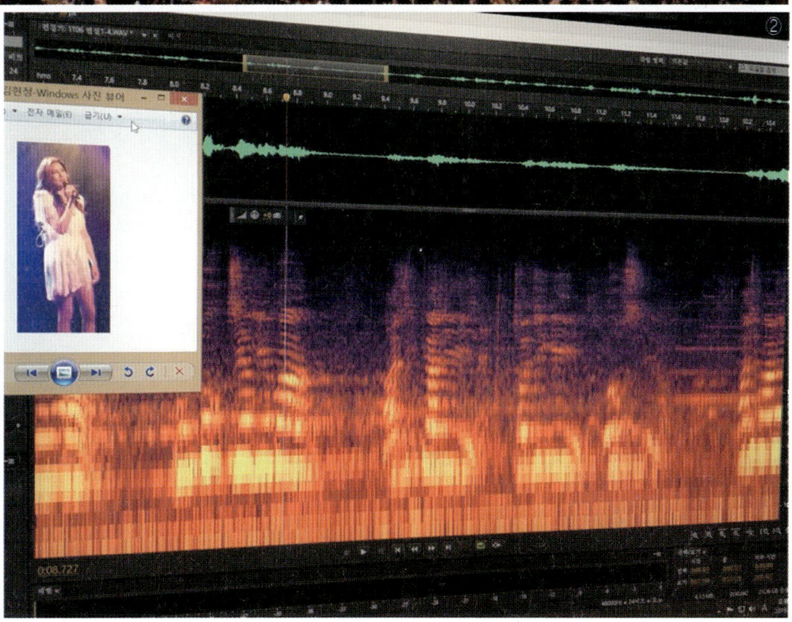

②

리버스 스피치에 대한 관심이 높아지면서 음반에 /이 판을 사주세요/라는 내용을 거꾸로 재생하여 그 부분을 인위적으로 더빙한 노래도 있다. 노래의 첫 도입부에 수록된 소리는 마치 속삭이듯이 스치는 마찰음들이 반주 음처럼 들리는데 이 부분을 거꾸로 들어보면 속삭이지만 뚜렷한 목소리로 /이 판을 사주세요/라는 소리가 들린다. 이처럼 재미삼아, 혹은 음반판매량을 높이고 싶은 간절한 소망을 리버스 스피치 방법을 이용하여 녹음 음반에 삽입하는 경우도 간혹 찾아볼 수 있다.

요약하면, 우연인지 혹은 실제 의도된 발음인지 확실하지는 않지만, 리버스 스피치는 듣는 사람에게 목소리 발성에 대한 큰 관심을 불러일으키고 있다. 한국어 문장을 발성해서 거꾸로 들어보면 아랍어나 영어 등의 외국어 발음처럼 들리게 되고, 영어로 문장을 발성해서 거꾸로 들어보면, 중간 중간 들려오는 한국어 단어가 우리의 귀를 사로잡아 버린다. 사실, 그 발음이 얼마나 정확한 것인가는 별로 중요하지 않고, 다만 엇비슷한 소리로만 들린다 해도 오히려 명확하지 않고 좀 비슷하기만 한 발음에서 더 강한 호기심과 신비함을 느끼게 된다. 요즘은 스마트 폰이나 오디오플레이어에서도 리버스 재생기능을 갖추고 있는 경우가 많다. 평소에 잘 듣지 못하는 소리들에 관심이 있다면 이번에는 리버스 스피치를 들어보면서 말소리가 갖고 있는 신비한 특성들을 한 번 즐겨보자.

배명진교수와 소리 이야기 2

소리와 생활

발행일 1판 1쇄 발행 2016년 3월 31일

지은이 배명진 | 김명숙

발행인 윤덕우

발행처 도서출판 **그린**

주 소 서울시 서대문구 연희로5길 50 (우) 03716

전 화 02)333-2574, 2575

팩 스 02)333-2561

출판등록 제8-161호(1995. 5. 3.)

E-mail greenpress@greenpress.co.kr

Homepage http://www.greenpress.co.kr

Green Pub.

가 격 12,000원

ISBN 978-89-5727-239-8 (03560)